国家社会科学基金艺术学"十二五"规划资助项目

"武陵山土家族民间美术传承人口述史研究"系列

湖北民族大学民族社会发展研究丛书

Mugong Jiyi Chuanchengren Koushushi Yanjiu

# 木工技艺传承人口述史研究

金　晖／编著

人民出版社

# 总　序

　　民间美术是"为生活造福的艺术"①。在民间老百姓非常重视衣食住行，把它看成是人生中的四大事项，而民间美术始终围绕人生的四大事项而展开，是民俗与生活相互作用后重叠的结果，因而其文化形态的根始终根植于民间。

　　从艺术的角度来看，她似乎在艺术技巧上显得稚拙，把她称为"朴素的艺术"或"粗原的艺术"；但从人文的角度却表现出一种较高的文化内涵，是民族文化的根之所在。毛泽东主席曾经指出"人民生活中本来存在着文学艺术原料的矿藏，这是自然形态的东西，是粗糙的东西，但也是最生动、最丰富、最基本的东西"②。因此，民间美术不仅来源于生活，而且还具有原发性的特点，阐明了生活是艺术生成的土壤，人民群众才是推动艺术不断向前发展的原动力。

　　《武陵山土家族民间美术传承人口述史研究》系列丛书所关注的主体是民间美术的技艺传承，在不同的历史文化背景下形成不同艺术样式的过程中，继承了原始文化的某种特质，一方面表现出继续为生活服务，另一方面也继续在社会底层的劳动者中间传承并发展成为民间艺术与文化。

　　"口传心授"是该地区技艺传承的主要形式，在传承的方式上主

---

① 张道一：《为生活造福的艺术》，《文艺研究》1987年第3期。
② 《毛泽东选集》第三卷，人民出版社1991年版，第860页。

要是跟师学艺和家庭传承，在传承的方法上是言传身教、心领神会的物像模仿、经验总结的口诀等成为传承技艺的重要依据。在传承过程中，"仪式"是其必须的形式，塑造了传承的直观对象和场景，使传承更具有主观性和感染力，让在场的徒弟在"仪式"的氛围中不知不觉地完成技艺的继承。

民间美术的技艺传承人既是技艺延续的传承者，也是民间文化的守护者；尽管他们生活在社会的最底层，但是他们也是属于有文化、有智慧的艺人，在技艺的传承中所表现出精湛的"大美之艺"，也正是"大爱之心"在社会生活中的一种朴素的体现，他们在自觉和不自觉中担负起民间文化传承的重任，不仅构筑成民族文化传承的重要基石，而且还是形成中华文脉经久不衰的内在动力，理应受到人们的尊敬。

总之，民间美术技艺传承不仅具有实用的品质，更重要是还具有理想和审美的品格，因此民间美术技艺是具有个性的、人性化的，是社会生活能动的反映，但愿其技艺不断地传承和永恒的发展。

向民间美术技艺传承人致敬！

二〇一八年九月二十一日

# 目 录

# 绪　言

　　武陵山是由湘、鄂、渝、川、黔等省市交界组成的自然区域，主要居住着土家族、苗族等民族，在地理位置上处于中国内陆腹地的中原和西南相互交融地带，云贵高原向东延部分和大巴山的尾部构成了武陵山脉主体，境内形成了清江、酉水、澧水、沅江、乌江五大流域，自然资源丰腴富饶，民风民俗独特多样，历史上长期实行土司自治管理，自给自足的家庭经济，恶劣的自然条件和原始的生产方式，积淀形成了丰富的历史和文化聚集带，为民间美术技艺的生存提供了丰富的土壤。

　　《武陵山土家族民间美术传承人口述史研究》系列丛书，是基于国家社会科学基金艺术学"十二五"规划资助项目"武陵山土家族民间美术传承人口述史研究"的基础之上集结成册。在研究整理中根据田野调查资料和相关的文献资料，综合应用艺术人类学、民俗学、艺术学、建筑学、美学等理论，从不同的学科、不同的视角将该地区的民间美术放在不同的层面进行研究探讨，总结、归纳、提炼其规律性的特点；同时集中选取土家族地区民间技艺有代表性的传承人，由采访人与民间艺人以问答的形式进行。通过他们的口述方式，探讨民间技艺传承所涉及的民间美术样式、传承方式、传承谱系及审美意识，梳理该地区民间美术发展变化脉络。

武陵山土家族民间美术主要是以物质的艺术形态呈现，从源头上借鉴了中国传统的民间美术样式，最大限度地发挥实用功能，而且功能与形态、空间与布局合理分配，创造性地制造出适合本民族独具特色的民间美术。在造型样式上反映出属于实物结构技术上之取法及发展者与缘于环境思想之趋向者两种因素。这两种因素融合在民间美术中，反映出该地区的人们与自然环境和谐的一种朴素的审美理想追求，同时也是生态环境和谐发展观和中华文化一脉相承具体的体现。

当然，技艺传承是丛书研究的重点，技艺传承问题是民间美术重要的环节，也具有"非物质"文化形态特征。武陵山土家族地区的民间美术养育了为数众多的民间艺人，他们以民间技艺为业，敬奉不同行业的开山祖师为师，传承谱系较为清晰，延续技艺是师傅和徒弟之间的主要内容及途径，二者之间是传承人与被传承人的关系，传承方式主要以"口诀"、"顺口溜"、"歌络句"等"口传心授"进行，甚至传男不传女的家庭传承方式成为农耕时代生存竞争的手段之一。

"仪式"是技艺传承的显现，其传承载体都是通过有形的物质形态来呈现，它在制作过程中形成的一系列"仪式"，却是一种有形的活态文化，它始终是配合民间美术的主体进行，并且具有周期性，每一次仪式的完成意味着形态的结束。因此，该地区的民间美术具有独特的物质文化形态和人类非物质文化遗产的双重特征。

武陵山土家族地区的生态环境也是生成该地区民间美术的重要因素，土家族地区的民间美术注重环境气氛的营造，追求含蓄的意境以及和谐统一。从历史和现实的层面看，武陵山地区的民间美术是民族历史文化的重要载体；在空间和结构的转换上，讲

究"天时、地利、人和",以一种亲善自然,适应自然环境,合理协调人、生物、自然与环境的关系,充分考虑到人与自然和谐共处,而且也是"以人为本,天人合一"朴素的审美观及和谐发展观的生成基础,因此该地区的民间美术具有自身的规律性特点及内涵。

在《武陵山土家族民间美术传承人口述史研究》系列丛书中,其研究内容主要是以该地区的工艺美术的审美特征、传承问题、工艺衍生品的开发以及民俗文化等方面的研究。而研究重点集中在木工、木雕、根艺、竹(藤)编扎艺、土家织锦、绣活、印(扎)染、土陶、石雕、漆艺、民间绘画、民间烙画等方面,做到了研究内容的全覆盖，使该地区的民间美术传承人所涉及艺术形态、传承方式、审美意识等诸多方面在课题研究中得到全方位的体现。

从 2012 年立项到 2016 年期间，课题组成员以不同的方式到武陵山相关的地区调研考察，调研采访了 140 余位民间艺人，覆盖湖北恩施州、湖南湘西州、湖南张家界市、重庆黔江区、贵州铜仁市等所辖的所有县区及市，行程约 4 万公里，录音达 450 小时，录像达 500 小时，整理文字资料 100 万字，收集到大量的第一手资料，形成了论文和专著等研究成果，为继续开展课题研究奠定了基础。

由于该地区民间美术缺乏相应的文献史料，武陵山民间美术的文献和图片资料极少，而且很多优秀的传承人及民间美术在不同的时期已经消亡，很难还原其历史的原貌。因而在研究中以田野调查为基础，采用口述实录和地毯式的排查方法，通过综合使用文字、录音、拍照、摄像等方式，对武陵山土家族地区的历史人文、民俗生活、自然环境以及民间美术的传承谱系、制作方法及方式和范围，展开彻底的调查，解决了资料缺乏带来的困扰，弥补了资料不足这一缺陷，为从事相关方面的研究提供了学术上的理论依据。

从收集的资料来看，比较全面地反映了该地区民间技艺传承发展的基本面貌及历史变迁轨迹，同时也依据艺术人类学、民俗学的理论对该地区的民间美术的共性和个性进行了详细的阐释。因此，不仅从研究视觉上有所突破，改变了过去依赖文献资料研究不足的困境，而且在研究中改变了过去单纯依赖某一理论的局面，立足该地区的民间美术为主线，进行学科的综合与交叉研究，是其丛书在研究方法中的突破和特色所在。同时，从不同的角度对该地区的民间美术传承人进行研究，在精神内涵上使中国传统思想文化得到升华，有利于发掘文化的"品牌"效应和提升经济价值，为文化艺术的再创造提供重要的、可借鉴的经验和信息来源。

　　鉴于该地区研究的地域和调研采访的人数众多，丛书在课题研究的基础上只是收录有一定影响的民间艺人，而绝大部分淹没在民间、没有真正引起重视的民间艺人还没有机会采访，很多民间艺人居住在较偏远的农村，难免在交通不便的偏远农村还有不少遗漏，特别是还没有引起政府部门和专家学者关注的民间艺人尚待进一步深入地调查研究，交通不便带来的系列问题致使课题在研究中不可能较深入的跟踪采访，获得的资料不是很深入和全面，这是丛书收录不足之处。同时，相当一部分艺人年事已高，加上文化程度不高，在讲述中吐词不清，难免在文献资料整理中词不达意，致使

洪安古镇
重庆秀山　金晖／摄

在语言的表述中出现不少问题。此外，生活在该区域内的各民族相互交融，难免有其他民族的民间艺术混杂在一起，为甄别土家族的民间美术带来一定的困难，在调研采访中有针对性地对土家族地区的民间美术传承人进行专访，但是也把其他杂居在一起的民族较为重要的民间艺人罗列其中，尽量保持区域性民间美术的完整性。

此外，项目经费在调研采访等支出中无法按照相关的财务报账规定执行，特别在偏远的农村支出和报账影响课题研究的进度，既要符合相关政策，又要正常开展工作，在两难中影响了课题研究的正常开展。

最后，由于丛书编著作者在理论研究中的不足，语言文字上还存在表述粗糙，理论研究欠深入和深化，部分图片资料遗失，还需要重新采访补全等问题。导致对内容研究的整体掌控出现一定的失误和偏差，影响了丛书内容的研究质量。这些问题将在今后的进一步研究中不断深化，以提高丛书内容的研究内涵和质量。

在当代，中央和政府对民族地区的自治政策，特别是在乡村振兴战略中如何对待少数民族民间美术的变迁，保护民族文化艺术的多元化和多样性，如何充分发挥该地区民间美术的魅力，使其焕发出新的活力，更好地服务社会，《武陵山土家族民间美术传承人口述史研究》系列丛书的集结出版，就是为建设美丽乡村提升人民的生活质量和可持续发展提供有益的思考。

# 第一章

## 木工技艺传承概述

锯料
湖北 宣恩高罗
金晖 / 摄

在古代，木工属于工师管辖之列，有"工师之用远矣"①的记载，说明木工起源和用途非常之早。木工的范围宽泛，广义的木工包括砍伐木料、加工成型、雕造等等都属于木工的范畴，也就是说凡是从事与木工相关的工作都可以归类到这个范畴里面。在古代狭义的木工专门指"攻木之工：轮、舆、弓、庐、匠、车、梓"②七大类，基本上囊括了凡是能够利用木材制造各种器械、住房等等都在此之列，这里只是更加具体，更加专业化了。

① （元）薛景石：《梓人遗制图说》，郑巨欣注释，山东画报出版社 2006 年版，第 5 页。
② 戴吾三编著：《考工记图说》，山东画报出版社 2006 年版，第 23 页。

　　"构木为巢，以避群害"①证明中国古代已经掌握了比较先进的木工技术，并且广泛地应用在居住建筑之中。尽管对专业木工的分工管理在原始社会就已经存在，但是作为专门修造居住的建筑的木工还是形成于殷商时期，这时就有了"土工、金工、石工、木工、兽工、草工典制六材"②，木工成为六材中不可缺少的类型。在周代实行天、地、春、秋、夏、冬六个官职的管理制度，把木工还归类到冬官一类掌管；由于朝廷的重视，加上生活中的必须，木工技术在民间逐渐兴起。

　　木工的"祖师爷"鲁班和"天下之名巧"马钧等大匠出现在战国到秦汉时期，他们不仅发明了木工工具，而且还发明了建筑斗拱等木工技术，木工技术已经达到相当高的程度。在隋唐宋元时期木工技术不断改进，不仅形成了"材分制度"，木工工艺更进一步精细化，而且到了元代薛景石专门介绍木工的《梓人遗制》专著。在明代以后，木工技艺分工不仅更加明确，而且各个地区的发展还出现不平衡的现象，不同的地域形成了不同的木工技艺特点。

　　武陵山地区的吊脚楼建筑养育了为数众多的民间木工艺人，他们以建造吊脚楼为业，至于木工技艺何时传入武陵山地区目前还没有准确的定论。从种种迹象和物证判定，在具有人类活动之始就应该有木工技艺的传承。从目前的采访来看，他们把"鲁班"供奉为木工的祖师爷，而且还有"鲁班尺"及"茅山传法"等事项作为传承技艺的凭证。总的来看，他们敬奉鲁班为师，而且有师徒传承、门内师③等不同的传承方式，传承谱系较为清晰，传承方式也标榜

---

① 韩非：《韩非子》，上海古籍出版社 1989 年版，第 152 页。

② 陈澔注：《礼记》，上海古籍出版社 1987 年版，第 21 页。

③ 门内师：指有直系血缘关系的技艺传承，一般是父传子、祖传孙、叔传侄、兄传弟等家庭（家族）传承方式。

金瓜雕刻
湖北 宣恩长潭河
金晖 / 摄

为正统，技艺的传承涉及范围也非常广泛，除了木工技艺，其他的一些技艺师傅也愿意传授。

吊脚楼建筑被称为古代建筑艺术的活化石，由此衍生出来的木工技艺不仅仅是一门古老的技艺，而且还承载着中国古代建筑的历史，伴随着人类发展的历史兴衰而在夹缝中求得生存空间，所以说看中国古代建筑的历史，也是中国社会的发展史，它是中国政治、经济、文化艺术的综合反映。

在目前武陵山地区木工技艺传承保护得较好，民间还遗存民间木工技艺，作为木工技艺的传承人需要掌握修屋建房的一些基本能

大水井祠堂穿枋
湖北 利川柏杨坝
金晖 / 摄

力，要具备帮助户主设计房屋的样式，还要能够指挥管理其他的木工艺人，并且还要能说会道，主持伐木、上梁等等仪式。除了这些以外，有的艺人还会其他的技艺，譬如说唱夜歌、纸扎、给人看病等等，这些艺人还了解中国的古代历史，诸如《三国演义》《隋唐演义》等熟记于心，根据需要随时随地可以用不同的方式表达出来，同时他们还可以临场发挥，编撰一些反映户主人的一些唱词内容，增强仪式的亲和力；可以说民间艺人在民间是最有文化的人，他们也受人尊敬。总之，从这些事项中反映出该地区的木工技艺与中国古代一脉相承的渊源关系，构成了中华民族文化的重要组成部分。

随着时代的发展，该地区的木工技艺逐渐衰落，特别是水泥建筑的兴起，冲击着该地区的木结构建筑；在交通方便的地方，水泥建筑已经取代了木结构的建筑，木结构建筑特别是吊脚楼建筑基本上已经看不见了，大部分地方已经走向没落，木工艺人基本上都是年老体弱，年轻的艺人几乎没有，现实的境况导致该技艺逐渐走向衰落，而在修建房屋中具有很强的仪式性的传承事项，也在破除"封建糟粕"中几乎失传，而今还有少量的吊脚楼建筑遗存也仅仅局限在湖北的恩施、建始、巴东、宣恩、咸丰、来凤以及湖南的湘西龙山、永顺，张家界的桑植和重庆市的黔江等县市交界的区域，主要是交通闭塞，经济较为落后等原因得以幸存，为数不多的木结构吊脚楼建筑在风雨中摇曳。

　　在当代，由于国家和地方政府保护文化遗产的意识增强以及旅游文化的兴起，在发展特色旅游文化的同时，重建和恢复了有特色的木结构吊脚楼建筑，木工技艺随着木结构建筑的修建犹如春风吹拂，焕发出技艺传承的一缕活力。

　　本书择选出该地区比较具有典型代表的民间木工艺人，主要集中在修建房屋、家具等一系列与木工技艺有关的事项，在访谈中以口述的形式对武陵山民间木结构吊脚楼建筑等进行梳理性的研究，其收集研究的资料十分翔实，内容鲜活生动、真实自然，为了解该地区的木工技艺传承提供了翔实的资料。

# 第二章

## 堂兄堂弟话传承

在去金龙坝村的头天晚上还下了一场雨，为深秋时节增添了一丝寒意，农村已经过了农忙收割的季节，大片的稻田变成了一茬一茬的谷兜子，远处还不时堆起一垛一垛的稻谷草。

水泥的道路一直修到村里的小学。由于晚上下了雨，加上道路上有山体塌方，公路上非常光滑，在即将下山看见远处的吊脚楼时，小车在泥泞的道路上滑行，道路的旁边斜翻了一辆农用车，幸好没有人员伤亡。我心里有些后悔不该来这个地方，但是这条小公路非常窄，又是下坡，两辆车都不容易会车，何况要在这狭窄的道路上倒车调头，那就像蚂蚁掉的鼓上——谈都谈弹。我只好麻起胆子①开着车慢慢地往下溜，车上随行的吴昶和家锐两人都提心吊胆，还好，谢天谢地，终于安全地溜过了这段泥泞的下坡路。车到了平地，左前方是一片吊脚楼建筑，来时的郁闷心情瞬时烟消云散，不来确实要后悔！

由于早几天联系了在白果乡中心学校工作的一个学生，他帮我联系了金龙坝小学的杨世刚校长，由他带我们去采访李在明、李在望俩兄弟。不一会儿我们到了学校，联系上杨校长，杨校长带我们

金龙坝吊脚楼建筑群
湖北 恩施白果
金晖/摄

从学校后边的机耕路①上过去大约两公里的地方就是李师傅住的地方。小车是不能够到家的，只好靠路边停下，步行一两百米远的距离就到了李师傅的家。

一阵寒暄，主人把我们请进火炕屋②坐下，聊起了木工技艺传承的一些问题。李在明师傅年纪大，加上前几年病了一段时间，口齿不清，记忆也不好，好多事情都不能够回忆起来了。好在有李在望师傅，他给我们及时补充，同时又有杨校长翻译，而且他是本地人，对民间的一些技艺传承还有研究，通过采访我们对当地的自然、民俗风情有了一个基本的概况。

金龙坝是一个盆地中的平坝子，位于恩施市白果乡的西南部，四面环山，平均海拔在900米，四季分明；在地理位置上与利川市、咸丰县三县交界的地方，有"一足踏三县"之实名，金龙坝的西南紧邻星斗山国家级自然保护区，其涓涓溪流汇集成的金龙河水构成了恩施市境内的马鹿河的源头，最后由东向西倒流三千八百里注入乌江。

金龙坝是一个行政村，下辖有九个村民小组，在这里长期居住有汉、土家、苗、侗族等多个民族杂居在一起，平时"赶场"③要么就在比较近的"三县场"去，要么就顺着两河口的村级公路通过恩利公路到乡政府的所在地的集镇及恩施市城区"赶场"。

从采访中得知这里的民风淳朴，民间故事、民歌等民俗活动丰富多彩，40岁以上能够擅长民歌的还有五十多位，原汁原味的土家长篇叙事歌《吴幺姑》之所以在这里流传遗存，就是因为这里有唱民歌的风俗。同时这里还有吊脚楼建筑群落百余个，五百个单体吊

木工技艺传承人口述史研究

---

① 机耕路：指只是简单地用石头堆砌、用碎石子和泥土建成的毛土路，没有用水泥、泥清等材料铺设路面，方便村民和学生行走，也可以通行小型的车辆。

② 火炕屋：方言，指冬天烤火取暖的地方。

③ 赶场：方言，指到人口较为集中的地方赶集，农村集镇贸易按农历的单日或双日进行贸易。

打磨木枋
湖北 恩施白果
金晖 / 摄

脚楼建筑留存。这里还是星斗山寺遗址、宫廷编钟、红军驻地遗址等文物古迹所在地。据说，1985 年一村民在金龙坝的山腰"汽洞"去游玩，发现了汉代的青铜器，其中六件是国家一级文物、两件为国家三级文物，现在收藏在恩施州博物馆。在大革命时期，贺龙在这里闹革命，有曾经居住过的天井老屋，还有他曾经起名的扯布溪瀑布，所有这些加重了金龙坝的历史沧桑感和厚重感，而且还增添了文化的神秘感，同时在这片经受了血与火的洗礼的红土地中还流淌着红色基因的传承。

金龙坝树木茂密，即使是"大跃进"时期，这里的树木也没有受到影响，修房建屋的木料仍然可以得到保障，这是木工技艺能够传承的基本条件；同时由于 1949 年以前战乱频繁，人们为了躲避战乱四处逃窜，李在明的师傅蒯恕槐就是为了逃兵跑到湖北。当时的金龙坝比较闭塞，是理想的栖息之地，蒯师傅就到金龙坝安家结婚生子。李在明就跟随蒯师傅学艺，而李在望师傅则跟随自己的堂兄李在明学艺，技艺传承的线索较为清晰。总之，金龙坝丰富的自然资源为木结构的吊脚楼建筑提供了物质条件，同时也为木工的技艺传承奠定了施展的平台。

李在明（右）
李在望（左）
湖北 恩施白果
金晖 / 摄

**传承技艺：** 木工技艺

**访谈艺人：** 李在明 李在望

**访谈时间：** 2013 年 10 月 22 日

**访谈地点：** 湖北省恩施州恩施市白果乡金龙坝村二组

**访谈人员：** 金　晖 吴　昶 杨世刚 冯家锐

**艺人简介：**

　　李在明，男，土家族，1928 年 11 月出生，小学文化程度，湖北省恩施州恩施市白果乡金龙坝村人。25 岁开始跟随蒯恕槐师傅学艺。

　　李在望，男，土家族，1942 年 10 月出生，小学文化程度，湖北省恩施州恩施市白果乡金龙坝村人。24 岁开始跟随李在明师傅学艺。

问：您儿①好大年纪了？是什么民族？

答：85了，土家族。他（小李）71，也是土家族。

问：您儿是一个师傅教出来的还是其他师傅教的？

答：我们那个农村人，跟到一起做的人好多，远处来的啊，综合起来，跟人家修房子啊。

问：您儿是不是拜的一个师傅？

答：不是的。

问：各拜各的师傅？

答：嗯。

问：您儿的师傅您儿记不记得到叫什么名字啊？

答：哎，我的师傅啊，我的师傅叫……哎呀那个时候都不在了，他是四川省的，国民党把他捉起当兵，他就跑，往湖北跑，跑到这里，就在这安家，我就拜他为师。姓就本来姓蒯，后头改姓陈。蒯恕槐。

问：在恩施来了改姓陈是不？

答：他后头成家了，又有两个娃儿哒②，老婆一死，他一个人，就回四川，就走了。

问：那他是哪个时候回去的？

答：五九年。他兄弟是么子③把他弄转去的。那个时候我们生活紧张。他说生活好，就把他弄转去了。弄转去，没走拢也，他带的妹儿饿死哒。

问：师傅教的时候是哪段时间在教也？

答：他是在这里修房子，在那里修房子，我们做徒弟也跟到他做嘛，

---

① 您儿：恩施方言中对人的一种尊称。

② 哒：语气词，有强调的意思。

③ 么子：方言，方法、办法、什么等意思。

吊脚楼建筑
湖北 恩施白果
金晖 / 摄

也方便。

**问**：就是您儿刚开始找他，拜师傅的时候是哪一年，您儿记不记得到？

**答**：五几年。五三、五四年哦。修在田里开发的那个屋，就是你（大李）出师在那里嘛，在修吊脚屋那年。那是五四年嘛。

**问**：您儿那个时候拜师的话敬不敬鲁班呢？

**答**：那个时候喊师傅，要磕头。

**问**：要不要给他带肉啊，带些么子米啊那些的？

**答**：那些子 ① 那是主人大方才带么子啊。那（指房主）有些红包钱封得大啊。那有些没得嘛。

**问**：那没得的就没给师傅带拜师礼啊，那些有么子讲究啊？

**答**：拜师没讲那些。

**问**：那拜不拜鲁班也？

**答**：那个鲁班那是要拜嘛。

---

① 那些子：方言，那些东西。

问：哪个时候出师的也？

答：出师啊，五四年（小李）。

问：那当年学，当年就出师哒啊？

答：出师哒，就是对面那个房子啊，就是我一个人在那搞的。

问：就是出师的时候，大概是那一年也？

答：那我忘记哒，我这个记性。

问：您儿记不记得到？

答：五四年单独在一边修房子就应该是出师哒嘛。那拜师就是头几年。

问：农村里拜师一般是三年，那应该是五二、五三年。您儿修房子有没有么子仪式啊？就是么子祭祀啊，除了拜鲁班啊？比方说像您儿修房子的时候，看风水是不是您儿看？

答：看风水啊、看地基，那不是我们，有阴阳先生。

问：您儿们只敬鲁班；您儿是只动木头，动不动石头啊？

答：不动石头。

问：那那个地基哪门① 搞的也？

答：地基是主人家挖啊。

问：那您儿在那个比方说在立架子的时候，在动木头的时候有么子仪式？

答：开山的时候，封山、扎马子的时候，有仪式。

问：您儿会不会画字讳啊？

答：画字讳那个有嘛。你只要在坡上、山上去啊，怕出问题啊，不扎马子。

问：那您儿像出师哒以后，师傅不给您儿一个东西啊，作为您儿出师的证明？

答：不给。

---

① 哪门：方言，哪样、怎样。

问：比如像五尺？

答：五尺是有一个嘛。

问：五尺还在不在身边？还找不找得到那个五尺？

答：我硬煞火，我有一个徒弟出师哒，给他哒。我还有一个在。这个是上山裁料。这是木头的。我有一个徒弟谢师我把给他哒。

问：您儿是属于么子民族啊？

答：土家族。

问：这个上面有么子可以证明它是五尺？

答：这个上是割的寸数。

问：那些印子①有么子不同的意思啊？

答：这个是一寸；那整个是五个这么长。

问：像您儿个人②的五尺，就是师傅给您儿的，您儿把给徒弟是哪门个规矩也？是不是第一个徒弟就可以拿起走也？

答：谢师的时候。

问：谢师的时候是哪门过？

答：衣帽啊、缝衣服；身穿一套；老衣一套。师傅觉得他学到哒，他各人觉得他学到哒，捡得起这个活路哒。

问：您儿刚才说的这个仪式啊，上山去伐木，伐木要不要祭祀啊？

答：要封山、扎马子、烧香纸。

问：封山敬的么子神啊？

答：鲁班先生。

问：就只敬鲁班，不敬梅山神啊？

答：不敬。

问：再就是您儿那个木头伐下来哒以后，运的时候有没有么的？

---

① 印子：方言，痕迹。

② 个人：方言，自己。

答：运转来啊。

问：就是把他弄到屋里？

答：那只要把料裁哒，在山上马子扎哒，那转来就是百事百吉哒；没得事。

问：那在竖架子的时候，有不有忌讳？

答：把架子做起哒，主人家把期看哒几时立屋，就敬鲁班。立屋的头天晚上就敬鲁班。敬鲁班一般的时间是选在比较晚，一般人都休息了，以掌墨师为主，所有参与这行活动的，包含木匠、其他匠人都他们请在一旁（起），过后（指仪式后）主人跟木匠师傅要封点红包，相对的来说啊，稍微比较好一点的饭菜，哪门过哒过后，还要要鸡子，那个鸡子第二天要掩煞。把五尺要墩① 在堂屋里，用红布遮起，遮起过后，那个鸡血要和五尺接气，要和房子上的一些主要的梁柱、中柱这类的要搭界，画字讳。这就是掌墨师要画字讳。这些事情各方要烧纸。修房子在哪个方向裁料在哪个方向烧。

问：从东边山上裁的（木料）就往东边烧纸？

答：哎。那个鸡子称之为掩煞鸡。这个晚上主人还要打粑粑，一般打糍粑，有大粑粑，有小粑粑。大粑粑就要给木匠师傅一人给② 一对，小粑粑就是第二天上栋梁的时候，木匠师傅以及爱好这方面的人都可以分东西头，一般木匠师傅站东头就上梁、说福事、奉承话嘛。其他的爱好者嘛就站西头，有时木匠师傅东西头都站起的，这种情况都有，说福事。从楼梯那门上去啊，搭楼梯上去说楼梯，摸到柱头说柱头，摸到穿枋说穿枋，摸到梁口说栋梁，在那个梁子上呢，哪门长的啊，哪门来的啊，还

① 墩：方言，放。

② 给：方言，送。

建筑挑枋
湖北 长阳渔峡口
金晖 / 摄

要跟梁木说些来由，还要说些奉承话，主要是发财发福嘛。主要是这方面的意思嘛。

**问**：那个奉承话有哪些？比方说摸到柱头？

**答**：说法不一致，脚踏金地，手搬银梯，上一步，天长地久；上二步，地久天长；上三步，荣华富贵；上四步，金银满堂；上五步，五子登科；上六步，六子团圆；上七步，七星拱照；上八步，八大金刚；上九步，久长久远；上十步，十全大美。手搬一椽三尺三，代代儿孙做高官。

**问**：您儿这个三尺三是不是也有个讲究？

**答**：这个柱头一步水就叫三尺三。也不一定恰恰那门长，有二尺八的、三尺的，为了顺口。

问：三字的数字是最大的数字，一生二，二生三，三生万物。

答：是那门过意思。

问：您儿像修房子还有么子那些讲究？地底下埋不埋么子？后头阳沟里放不放么子？

答：那个不。地基他是阴阳先生看地基的，我们修房子就是敬鲁班。

问：一般修房子最大的，一般是几柱几？

答：五柱二、五柱四。我们只修到五柱四。格外也没修大房子。

问：您儿那个层数也？

答：层数一般就是两层屋。我们以前柱头好的就修得高些。

问：李师傅，我是感觉啊，我们恩施这块和湘西那边不一样，恩施这边是吊脚，但是湘西那边是吊角。

答：那做得来，做翘梁哈。他们叫搬爪。

问：就是枋上翘，是不是板凳枋？

答：那板凳枋有区别。

问：他那个砍的树兜兜那一节翘起，檩条可以往高头架，那个角本身就是在转角的地方？

答：屋檐翘起来，四个角上。

问：刚才说的是上梁嘛，立架子的时候有没有仪式也？

答：立架子啊，就是一扇一扇的发啊，发扇。先起中堂的东头，再就是西头，再就是东山，西山。拍扇就是把柱头、枋、料之类的盘拢来斗好，一般是头天晚上斗好，第二天起扇。放鞭炮，说福事。

问：上梁和立扇是不是一天？

答：是一天。在农村的讲法来，上梁还是个重要环节啊。

问：上好之后就不能攒动（移动）了。

**答**：那是嘛。中间连成整体嘛，原来有枋。

**问**：瓦可以不盖，把椽角钉起哒，把檩子安好。过去有没有火塘①啊？

**答**：现在很少了，基本上没得哒。

**问**：以前旧社会的时候，一家人都睡那个火铺②？

**答**：那不是，只是烤火。有个三脚架在那个上面。

**答**：用不用梭铜钩啊？烧水啊那些。我们这边没得。我们这边用三角，铁打的。

**问**：以前用不用啊？

**答**：我们都没用过。我们看看到过的，就是两河口有。芭蕉那方有。他是与竹子有关系，再就是和地势有关。选梁木就还有这么些嘛。首先是主人家选择梁木，条件很难讲究，一般是那个粗壮的、有枹生的、健壮的，预示着他住的这个房子很发达。上下长得比较粗壮，比较整齐。去砍的时候，还要拿香啊、纸啊、拿起去敬了过后再砍。砍的过程中不能歇气，倒也要往上方倒，在坡上裁好哒，在做梁的过程中，一般不允许从梁木上跨过去跨过来的，在哪一方做，就在哪一方做，假如要从这一方面到另一方去的话，一定要绕过料的一端到另一边去。有些是直的，把它从坡里抬回来再做，有些是在坡里做哒再抬回来。做的是毛坯，毛坯回来哒还要开梁口，还要包梁。开梁口的时候要说佛事，要把开梁口脱下来的木屑放到包梁的那个里头，主人家用衣服背靠着开梁口的方向，用衣服把那个接起，接起过后，把梁口开哒，然后把木渣捡起来，捡起来过后和笔墨纸砚，这些东西要包在梁木的正中间，搞红布包起。

**问**：这整个仪式过程有么子禁忌啊？比如说有妇女或者是小孩不能

---

① 火塘：民间取暖烧柴火的专用的地方，四周用条石砌成，中间一个坑，用于烧柴。

② 火铺：民间睡觉的地方，冬天用于御寒，下面烧柴火，上面睡觉。

够接触的东西；不能够去的或做的事情？

**答**：他的禁忌主要是门几个方面嘛。帮到去抬梁木的人，一般选择要是在附近家庭没出过么子事，比较兴旺的家庭的，没得么的病痛的，夫妻不全的一般不选择，要儿女双全的，周围比较旺的家庭壮年男子去抬嘛，抬的过程中要注意不许随便用脚去掐①梁木，女同志有哪门些禁忌搞不清楚。女同志一般看都不看，一般不拢脚②。

**问**：但是也没有具体的说法，说女同志不能碰啊这些，也没得这些说法？

**答**：那没得，比较开放。

**问**：他那个可能是清代改土归流啊，他可能有些风俗没得哒。比如说刚才说的火铺，改土归流之前，它那个火铺是那一大家人冬天都是在火铺上面。这边没得哈。烤火铺的那个屋是不是要离地面悬起来？

**答**：磕膝脑壳高。一步嘛。四十公分左右。

**问**：我们这里还有个地名叫火铺塘嘛。

**答**：芭蕉的（上面）。

**问**：它（政府）是那个清代的时候专门出了个法律规定不准那么住，他是改变居住的陋习，可能是那个时候的。那椅子是什么时候过来的。您儿在这一带，这个房子是不是原先个人起的？

**答**：都起了两三套房子哒。得了十几年脑淤血哒，这还算恢复得好的，还有点记忆，像修栋房子，在坡上材料可以凭他的记忆，哪根是哪根他都记得到弄回来不错。本来记性就好，得了脑淤血哒，记忆就差哒。以前的还记得到点，像现在说的，您儿说

---

① 掐：跨。

② 拢脚：靠近。

的到点，再问就找不到哒，一哈就忘记了。得了十几年病了，七十几的时候得的脑淤血。

问：您儿小的时候，家里没得椅子的人家有没有？

答：多。

问：那他们坐在哪里也？

答：木枋枋上，小板凳上啊。那椅子小来没看见过。打发姑娘四把椅子。

问：那这么说的话，时间不是很早。打发姑娘的时候是木头做的椅子。像您儿会不会打家具啊？

答：会打。就是嫁姑娘给人家打衣柜啊、柜子啊、抽屉、火盆。

问：一般是打嫁妆。椅子不是这种椅子。那床是不是您儿打也？

答：床，不是的。

问：您儿打过床么？

答：我没有。床一般都是男方打。

问：像您儿们一般没跟别家打过床啊？

答：没打过。

问：比方说这个床四尺半啊那些有没得？在数字高头①。

答：没做过。做木匠第一是修房子，第二是装房子。

问：装房子您儿比如说三尺，像您儿们原先有没有么子在尺寸上有没有么子讲究？比如说"三"代表么子？或者"五"代表么子？哪门要用"三"？

答：这个柱头一般是三尺。

问：为什么是三尺，为什么不是四尺？这个是受汉文化影响，一生二，二生三，三生万物，道家的这种思想，是不是受这种影响？

---

① 高头：方言，上面。

对数字上的一种崇拜。原来不坐椅子的时候，烤火是哪门个烤法？

答：是火坑。

问：火坑要比火盆矮一些，他烤的话，兴把鞋子烤到①？

答：那不得。

问：那哪门烤法也？

答：有板凳啥。一个是椅子啊，大部分是板凳。

问：男板凳脚有好高啊？

答：巴掌长，好坐好烤火嘛。高哒又不行。

问：那种长板凳是不是配的大桌子啊？

答：那不是的。那个板凳是专门烤火的。

问：那以前屋里桌子有没得？

答：有有有。

问：有还是有，但是桌子没得那门高。您儿们小时候桌子有好高？那以前，那个时候有高桌子。

答：没得那种高椅子，我坐板凳如果桌子太高的话，我吃饭就不方便嘛；我坐个板凳就和蹲到起差不多。那个方桌，高板凳，那个板凳摆在火坑，可以坐到吃饭。一般大桌子过么子事情②要大桌子。板凳摆在火坑上。

问：那个火坑是用四块石头嵌起的；堂屋③一般做些什么用也？

答：堂屋格外没得用啊，就是过大屋小事，在堂屋里，摆桌子吃饭啊，二个就是红白喜事，停老父老母。

问：那像平时在家里一般吃饭是在堂屋里吃啊，还是在？

---

① 烤到：烤坏，烧坏。

② 过么子事情：方言，指家里发生的大事要宴请亲戚朋友。

③ 堂屋：方言，农村指中间的房间，城市称客厅。

答：很少，在火铺弄。

问：那个时候不兴炒菜哦？火铺能不能炒菜啊？

答：能炒菜啊。没过事，是在火铺里炒。

问：那火力不够嘛？

答：那烧的大火。哦，这里是的，他们不用梭铜钩，用三脚。所以这边吃得到炒菜，芭蕉那边很多就主要吃炖菜，掉起没得办法炒。

问：像堂屋的话，有没有么子讲究啊？除了刚才您儿讲的红白喜事啊、吃饭啊，还有没有其他的？

答：格外没得其他的。天地君亲师写在堂屋里啊。

问：堂屋后面那个屋叫么子？

答：叫退堂。

问：不是所有人家都有退堂的，有些没得。丝檐是指的？

答：扦子上的，扇头上。

问：您儿做个房子有没得伞把柱？

答：没得。

问：没得伞把柱哪门转过来？你比如像屋是撮箕口的，这两边挑起来，不是有个大梁嘛，这边要拐过来，要拐过来中间这根柱头的话叫么子啊？

答：这根柱头矮一点没下底，吊起的没落地。不落地的那根。搬爪啊。不叫柱，就是爪爪。

问：搬爪有没有讲究啊？

答：一般都是在扇头上，不能高，弯一些。

问：您儿搞这个还有不有么子四言八句、口诀、顺口溜啊？起房子有没有这些？

答：有一些。我忘记了。

问：您儿还记不记得（小李）?

答：那讲奉承话的还记得到点吧点。那些我们哪门晓得啊。又没学它、师傅也没传嘛。这个师傅一般捏得比较紧的，学这个它不是开放的，比如像要画个字讳，嘴巴里念有词，他不是你师傅，他不得随便给你传，嘴巴在动都不得读出声啊。

问：那您儿跟到您儿的哥哥学是哪个时候?

答：那就是六几年。

问：您儿是亲兄弟啊?

答：我们是叔伯。

问：四清开始没?

答：六六、六七年，跟到他们一路①。

问：学哒几年出的师?

答：出师嘛，四五年。

问：属于门内师啊，自己家里人跟外面拜师有么子讲究?

答：我们没讲个么子，没举行拜师仪式。写投师帖。

问：那要写得来字的人才能拜啊? 那要写不来汉字的话?

答：有些还不是礼仪性质，跟师傅要下跪也。先通过讲，他答应，我要拜你为师，师傅如果不愿意收你为徒，写得来的就用写的方式，就约定，有一种约定叫跟师谢师，就是一般跟到起师傅搞三年，搞三年过后，也就是这三年中徒弟有活路也就跟到师傅做，做哒一般也不给工钱，师傅就把手艺传给你。有一种叫出师谢师，也同样可以得点工钱，和师傅比起来要少一点，学到艺过后再谢师，看哪一种方式投的师。

问：他可能跟那个屋里的经济条件有关系? 和接的工程就我们现在

---

① 一路：方言，指在一起。

说的工程大小有关系？

答：他一方就有那么一帮师傅哈，有事嘛，多半是那一帮师傅在做。

问：他可能像杨校长讲那种形式，可能现在流行些？

答：那个时候还有搞副业①的，他没参加生产劳动，他纯粹是以木工这个手艺维持生计，当时还要跟集体交钱，还要在外头找，找得多得多，这个是一般像带的徒弟，天天跟到师傅跑，他就串乡，这里做哒那里转，自己到处找，这里做完哒又到另一家，活路做开哒慢慢活路就更好就更多，收入就更多。

问：那个时候跟到师傅可能还要搞几年？

答：像您儿那个时候投师不简单也。更重要的是对师傅必须是十分忠诚。不忠诚的不收啊。

问：您儿这个没跟到那个的话，不搞投师帖的话，您儿这个叫参师还是叫？

答：这个不叫参师。他这个纯粹是属于人亲哒过后，感情在那个地方，兄弟跟到哥哥一起，哪里有事我们就都去找点，你本来才跟到学，你纰（差）一点，假如我一天得一块钱的话，你可以得五角六角，心理也是平衡的，本来你就搞不来，我教你，不要你给我把么子嘛，那也是老板把的，你就少点点儿嘛，也是情理当中的事。我拜了哈师的，晓得到点，后来就教书来哒。

问：您儿现在家里几口人啊？

答：现在有5个，祖孙三代人。大的孙儿在民院读书。那个老年人是5个儿子，5个姑娘。这里是老四，老四在当书记；老幺在二中教书，叫李凯；老二教书的，退休哒；老大是门内师，继承他

---

① 搞副业：方言，指除了做农业生产之外，还做其他可以赚钱的手艺活。

的衣钵。

问：老大有没有五尺①？

答：他有。

问：他现在经常在外面接工程？

答：也没有，六十几岁哒。

问：您儿像现在下头把房子修成哪门过哒，感觉哪门过啊？感觉好啊还是不好？

答：还是好。时代不同啊，那个时候修木房子都不简单，你山上没得树，你还要去买，远处的还要请人抬。

问：您儿像那边的那个房子，它现在把它刨哒，刨哒以后是搞的清漆，还是么子？

答：清漆。

问：以前您儿想您儿这个房子没搞么子刷啊？

答：那没有。

问：那就是原木头？

答：这个原先是火坑，楼板是重新枕的。等于做火坑的时候没的楼板。

问：那如果做火坑阵紧哒烟子出不去？

答：就是搞竹块块挨到挨到靠起。

问：您儿先说到的有一个就说砍不到树，是因为树都砍光哒，还是因为封山育林？

答：那主要还是因为是砍光哒。都开出来耕种、开荒。主要是大办钢铁的时候砍的；烧炭啊，那个时候毁林开荒啊，那个时候好多

---

① 五尺：又称鲁班尺，是木工师傅丈量尺寸的工具，也是传承的信物。民间艺人曾在非常僻静的深山中砍的桃木，做成五尺长，上有丈量的尺寸刻度，上方画有字讳，下方是铁尖可以插在地上。

沟两边都是砍去大半山去哒。

问：堂屋的那个香火有没有么子的讲究？

答：供祖啊。

问：只是搭香火台，还是另外做的？

答：有些做的是柜柜的。

问：一般敬神都是在堂屋里的正壁，那壁墙供些么子也？

答：过去写天地君亲师啊。

问：还供不供别的也？

答：现在一般就是做个台台哒，过去还有专门做的神龛；精雕细刻的。

问：现在找不找得到那个东西也？

答：现在只怕基本上没得哒。都被拆哒，基本上没得么子哒。

问：它是那种横到起的，还是竖起的？

答：它是竖起的。上面还是个平台，上面点蜡烛、烧香。

问：过七月半是不是也用得到？

答：那一般是嘛。逢年过节在神龛面前烧点香纸。

问：您儿这边七月半是哪门个过法也？要不要献饭也给亡人？

答：以前兴，现在多半都不兴。往年讲到了七月份了么子连个虫虫进屋哒都要忌讳哈，怕是么子祖先，现在杀虫剂"噗"的一哈就去哒。

问：他提到七月半，就是恩施这个七月半是不是和汉族地区的七月半有区别，它不仅仅是祭亡人？

答：我看差不多。

问：他就是说七月半就是鬼节哈。

答：时间上有差异。我们这方一般都是七月十二，有的地方是十三、十四。

问：大山顶那边是七月初五。恩施这边和祭奠亡人有区别。好像不仅仅是祭奠亡人，它主要是为子女的提供一个回娘屋的机会好像是。您儿有没有这个说法？

答：本来说这个节气有点大，再就是说嫁出去的姑娘七月十二必须要回去过月半。

问：上面这个叫么子啊？

答：这个叫斗枋。

问：像您儿这个回娘家有没得么子讲究啊？

答：格外没得么讲究，那就是说看你条件来，条件好就多带点东西走，条件差就少带点。

问：但是一般就是像过年就回去得少？

答：过年很少，年前不得。一般在婆家过年。

问：您儿这边过年有么子讲究啊？过年是二十九啊还是二十八过年？

答：三十的。

问：我看这整个南乡、北乡啊坐席有没得么子讲究啊？

答：尊重人的礼貌的，老年人去哒坐上方啊。辈分大的坐上方。

问：还有一个啊，他辈分小年纪大的也不能坐上方啊？

答：我们基本上不依这个规矩，原来的八仙桌，现在坐席改成了圆桌，哪里为上方，没得么子上方不上方，都可以转动。

问：现在东乡还有这个风俗，坐席的话硬是讲究辈分，他按辈分，不按年龄。他就是年纪大的话，辈分不大的话也不一定坐得到上席。他就是辈分大的坐。你像我们去的话，我去的话我只能坐边上。就像屋修起之后送师傅出门有不有么子讲究？

答：送师傅啊，那看老板大不大方，起码一对粑粑有嘛，大糍粑是起码的。砍肉的话可能就只跟掌墨师砍点肉；有做鞋子的，一个人一双鞋，掌墨师和二墨师一个人做双鞋。

问：二墨师主要做些么子也？

答：二墨师主要是那个就是副手嘛。

问：那一般是不是掌墨师的徒弟啊？

答：也不一定，有可能是师弟师兄啊。二墨师主要还是管斗枋那一块。掌墨师主要是指架子上的柱头。当二墨师还是都做，有时候师傅搞不赢哒，二墨师有时候还要帮忙，特别是挖斗枋。

问：这边送一对粑粑有不有讲究啊？有不有那个印子壳？

答：我们这里没得。

问：印花是在粮食比较多的地方，喜欢把粑粑打哒之后放在印盒儿里头。上面主要是些么子花啊？

答：刻喜字啊、寿字等。

问：哦。主要就这些，没有其他的？

答：基本上就这些。

问：在木工方面还有没有讲漏掉的？

答：没有。基本上都讲了。

问：好的。耽误您儿们了。谢谢！

# 第三章

## 拜师学艺聊养家

张兴安家大门的腰门
湖北 恩施白果
金晖 / 摄

　　金龙坝一组是一个吊脚楼群集中的寨子，进入村口远远可以看见。在采访完李氏兄弟下午返程时，我们贸然进入寨子。刚好碰到从地里劳作回家的张兴安师傅，他很热情地带我们到他家里，就摆起了龙门阵。

　　这个寨子很有名，许多专家学者来了以后首先就是到这个地方采访，然后认识和深入了解金龙坝，是他们的不断推介才引起政府及相关领导的重视，在网上搜索人气最旺的就是这个寨子。

　　张师傅会很多手艺，不仅会打草鞋，而且还会木工。他会木工技艺与其他木工师傅不同，他开始学木工是跟随潘福安师傅割

41

金龙坝吊脚楼建筑
湖北 恩施白果
金晖／摄

寿枋①，出师以后又跟随幺叔学修屋。农村在以前修屋的时候都是互相帮忙，相互赚活路，亲戚朋友在选定的日子都来帮忙，主人家只管饭，这应该是民间古老的互助方式。

张师傅兴致很高，从割寿枋到修屋都讲给我们听，还亲自给我们示范。民间有很多风俗，大家也很遵循规矩，互相尊重。特别是当前的新农村建设让他们得到了实惠，木房子重新得到了整修，屋顶盖的传统的手工泥瓦换成了机器制作的水泥瓦，结实耐用。由于金龙坝的自然条件逐渐引起政府的重视，吊脚楼建筑群得到了很好的保护，相信木工技艺在这里也会不断地传承。

———————

① 割寿枋：方言，指做棺材，为在生的人死后做的棺椁。

张兴安
湖北 恩施白果
金晖 / 摄

**传承技艺:** 木工技艺

**访谈艺人:** 张兴安

**访谈时间:** 2013 年 10 月 22 日

**访谈地点:** 湖北省恩施州恩施市白果乡金龙坝村一组

**访谈人员:** 金　晖 吴　昶 冯家锐

**艺人简介:**

　　张兴安,男,土家族,1950 年出生,初中肄业,湖北省恩施州恩施市白果乡金龙坝村人。1981 年开始跟随潘福安师傅学习木工技艺。出师后又跟随幺叔张成云师傅学习修屋技艺。

问：打草鞋有没有么子讲究？

答：没得么子讲究。

问：您儿有没有么子顺口溜啊？样式哪门打啊有没得？

答：那没得。打草鞋，卖草鞋，今年去了，明年来。这就是从小念
的歌络句。格外没得么子。

问：这跟那个腰带机有点像，湖南那边织布的那种。

答：那可能哦，织布的那个是梭子。

问：他那个是搞到腰上一栓，所以那个布每一幅都不得比人的腰杆
宽。他也是这么拴起的。

答：那是恩施博物馆的，我也是挂的哪里的，他硬要。

问：您儿是主要做木匠是不？

答：以农业为主，木匠活路就是农村活路搞得差不多了就出去搞哈，
没专门天天在外面搞木匠活路[①]。

问：您儿贵姓啊？

答：姓张，张兴安。

问：您儿今年好大年龄？

答：64，1950 年的。

问：这个小地方叫么子名字？

答：金龙坝，小地方叫土墙沟。

问：您儿是几组啊？

答：一组。

问：您儿这栋房子是您儿修的？

答：不是，是我的叔叔修的。这个才修没得多年，六八年才修。这
头半截是我修的，就是这一间是我叔叔修的。

---

① 活路：方言，指做工。

问：这个是您儿修的？

答：那是 2009 年搞新农村建设搞的，我一个人。

问：那吊脚那一块？

答：哎。四月间架始砍料，个人砍、个人盘、个人做，七月十二才立起来。

问：是 2009 年修的是不？

答：2009 年。

问：那您儿这个手艺是跟到哪个学的？

答：我大部分是舀的，但是学了还是跟到幺叔。

问：也就是修这个房子的人？您儿的幺叔叫什么名字呢？

答：张成云。个人这里搞，那里搞，别个一讲我就会，我就看。最后七四年我又学铁匠的。只要是个么子东西，我一看，差工具我就转来个人做，我又可以搞，就这么搞，我爱学，我爱问，我又不怕丑，搞不来我就问。

问：那您儿跟到他学没拜师啊？

答：没拜师。

问：那您儿木匠没得五尺块块儿啊？

答：五尺块我有。最后我割大料，就是割棺材，区家界有个潘师傅跟到他学，他把五尺把给我了。

问：潘师傅叫潘么子？

答：潘福安。我割棺材是跟到他学的。最后他又没得徒弟，把五尺就把给我。

问：您儿读书没？

答：读了书的，在龙凤坝八中去搞了哈，搞了一年半。

问：那等于是高中？

答：那是初中。

问：它那个字是在哪里啊？

答：这个没得，这个是好多年了，在别个屋里修房子，别个把的一个。

问：这个东西的实际作用是么子？

答：量啊，量尺啊。往年一般没得卷尺啊，就是个竹块儿办这么个啊。古代的老古计就是鲁班尺，这个据说还要桃子树，要听不到鸡狗叫的地方才灵、才行。

问：您儿是说桃子树长的地方听不到鸡狗叫？

答：长的地方听不到鸡狗叫才行。要取那号的材质做出来师傅传的才要得。那个取义也是因为桃木辟邪。

问：我是听说上面画的有个字讳？

答：那我没看到。

问：那师傅只有一把五尺，那他教几个徒弟怎么办也？

答：那他看哪个对他忠些就把哪个（徒弟）啊。

问：那他可以做吗？

答：那不容易找到这个材料啊。不可能他有几个徒弟就传几个啊，他死的时候，哪个徒弟对他好些。

问：那他这个不止五尺了哦？

答：这个五尺是从这里算起的，这个多余的五尺五啊，它（铁尖）这个一插就稳了。

问：最开始当尺用的，后头它是个象征了，就是个文凭。

答：对哒。首先纯粹当尺用，在修房子的过程当中必须统一一个尺度。

问：它为什么要挂一个红布也，有么子说法？

答：没得，一般就是在别个屋里祭鲁班啊，要把块红布搞在这个上面。

画墨的师傅
湖北 恩施白果
金晖 / 摄

问：他这个就是后头成了（学艺），他拿了这个就是掌墨了，最权威
　　的就是可以独立营业了。那个以前哪个医生毕业了，师傅就要
　　把一个葫芦，就是说葫芦里装的什么药，是药葫芦，把葫芦往
　　店门上面一挂就是悬壶济世。那您儿跟到潘师傅学是哪一年？

答：八一年割棺材。割棺材我就是跟到他学的。但是修屋也跟到他
　　一路，最后教我画墨还是我幺叔。本来那个时候脑筋就有个八
　　成了，因为那个时候滚场掌墨师多很了，转来就到二叔屋里修
　　房子，就是幺叔跟我教的。

问：割棺材啊？是哪门个说法？

吊脚楼的翘檐
湖北 恩施白果
金晖 / 摄

**答：**割棺材就是做棺材。

**问：**您儿跟到您儿幺叔学的掌墨是不?

**答：**嗯，修屋是跟到他学的。

**问：**您儿跟到哪个学的说奉承话?

**答：**那个我耐不活，开口的事我耐不活，讲佛事哈，我耐不活。脸
皮薄硬讲不出来。

**问：**您儿上山去伐木有没有么子讲究?

**答**：招呼 ① 哈山啊。我们没学那些，师傅没跟我讲过。反正你瞧得起我给你做，讲做就做了，拿的香纸去坡里烧啊，你不拿香纸讲开始就开始。

**问**：您儿会不会画字讳？

**答**：不会。

**问**：像您儿这个梁上面都没做记号？

**答**：毁了。我们这个六八年修的，没上梁，屋里是满楼枕，他上了梁的在，有几个楼枕都没有上嘛。

**问**：丝檐到底指的哪一块？

**答**：屋檐底下才叫丝檐。在柱头以外的，挑脚下的都叫丝檐。他没在正屋之内。你打比方，像我这个屋，在挑以下，扦子就是走廊，它没在柱头以内。在柱头以外，挑以下，你只要有挑了，就等于你这栋房子的落脚柱头就完了（到此为止），出去再就是挑了。它这一方喊的扦子，外头才喊丝檐，山头上才是丝檐。像我这个就是转扦子。

**问**：扦子是指的室内部分？

**答**：扦子就是那个走廊，扦子就是走廊。有些喊的扦子，有些喊的转扦子，转扦子就是从这方出去，从这方转出来。我这样的就叫转扦子，外头叫丝檐，总共连起来就叫转扦子。

**问**：它等于转扦子要从哪方出来？

**答**：我这个上下都可以转。我这个修了六届房子了，你就是我这个家里第一届修这个房子，我才十六七岁，学校读书回来我就开始砍料，八一年分家到户我就安家了，最后我又修厢房就修木房子，木房子去年倒水泥板，恰好管十年，那还是不行，没有

---

① 招呼：方言，对祭祀的称呼。

吊脚楼
湖北 长阳渔峡口
金晖 / 摄

钢筋水泥，就是挑的河沙。

**问：**您儿这个挑沙比较近嘛？

**答：**就在河坝里挑，但是这个不行嘛，那个时候没有震动棒，就用高板凳砸的，就漏了那个就不行，2400 块钱卖了，卖了之后我就买砖来封这个，2009 年他要我用这个把它遮起搞吊脚楼，我要请挖机来在底下搞沼气池，吊脚楼下面是沼气、池猪圈，又把上面封了挡了。

**问：**您们这里面三月初的时候有没得把这里的那些粪便挖出来，然后把他弄到田里做肥料？

**答：**那不一定要在三月初，只要得空了就挑出去；种洋芋、种菜都可以，那个没有时间性的，挑牛粪一般都要在三月初。

**问**：现在您儿的小孩都出去打工了？

**答**：我的小孩都在学校门口，跑出租。

**问**：平时跑车了，是住这里还是住上面？

**答**：住在上面。

**问**：您们这里的木匠是不是一般务农的都会一点点？

**答**：大部分都会得到一点点，但是硬是讲能够修得到房子的还是不多，跟到滚场①还是耐得活，一是可以掌墨的没得几个(师傅)。

**问**：是不是只有掌墨的才能够叫木匠？

**答**：师傅喊的一般都是。

**问**：哪样的才叫木匠（师傅）？

**答**：装这个板壁我也耐得活啊，但是他也没有请过师傅，他是舀学的，你像修屋他帮你开下眼子，但是你要他拿墨，他又耐不活，只能帮到滚场。

**问**：像这边这些木工活的话，女的都不参加？

**答**：那少得很，基本上没得。

**问**：像这边哪一家屋里起房子，他喊这些人来帮忙的话，他是哪个喊法？

**答**：就是说你明天得不得空？给我帮天忙，抬料或者打一天屋基。

**问**：他跟哪些人能够打得到招呼喊得听？

**答**：他就是一个队或者两个队的亲戚、邻居啊。再说那些没有往来的也喊不动，再就是拿钱请（人）。

**问**：是否就是他们所说的打人情工？就是说你喊得周围的这些亲戚朋友来帮忙的只管饭不管钱？

**答**：只管饭不管钱，他意思就是说我今天修屋我找你帮忙，如果你

---

① 滚场：方言，指打工，帮忙当助手等。

明天不修屋，你要搞什么其他的，我也去给你帮忙，意思就是转工搭伙。

问：就是像人情活路，到时候他搞的话你就要去还？

答：不讲工钱，不像这么搞的话，完全你一个人，你拿钱请的话，哪里来的这么多钱。

问：这是最古老的习俗，这些村子就是这样建立起来的，不然的话根本就搞不起来。那有的人他修的时候把你喊起去了，你跟他搞了，你修屋的时候，他又没在屋里，他打工去了那就还不了？

答：那都少得很。那近一二十年来没有多少人修了，最多的时候是八几年，现在修木房子的少了。

问：女的一般不做这些事情，那什么事情她可以参与修房子的事？

答：修房子打地基，帮到弄饭啊。

问：木工施工的过程当中没有？

答：没得。那我还没有看到过女的。以前不准女的上屋，你看我们现在盖的那一种屋，哪个女的不上屋，光几个男的怎么耐得活。

问：你们这里的规矩不准女的上楼梯？

答：往年是这样的规矩，现在不是这样的。

问：女的以前不准上楼梯，到二楼不就是男的的地盘了？

答：她是不上家神①。

问：不上家神？

答：再就是不垮梁。但是你捡瓦的时候总是要跨梁。

问：那男的总是要过去，他是说女的占主要。家神是指的什么？

_____

① 家神：指在堂屋正壁上供的祖先牌位。

洗车河老街
湖南　龙山
金晖／摄

**答**：供的祖先家人就是这么个；不能站在祖先的头上去。

**问**：那男的就可以吗？

**答**：男的一般没有计较这一些。

**问**：您这里是以天地君亲师，还是天地国亲师？

**答**：大部分都是天地君亲师。

**问**：解放后，他不是君主制了，民国以后大部分改为天地国亲师，
　　　没有君王了。现在农村好多都还是天地君亲师？

答：我们农村里包帕子，纪念诸葛亮，诸葛亮死了以后，纪念诸葛亮包孝帕，下地做活路拖好长，就不好做什么，就挽起，包帕子就是为了纪念诸葛亮。

问：您们这个堂屋没有装大门？这边一般都不装吗？

答：大部分没有装，有的挡事，堂屋大门一装了以后，他名字叫财门，要开财门，他一关上，人们就说把财路搞断了，但是你不关起，鸡、狗又进来了，你就这样敞着还自由一些。

问：这种是不是叫吞口？

答：我这个叫一封书，吞口是柱头还要出来一步。他就是大门枋还要进去一步。没得吞口就叫一封书，就像一本书的形式。吞口在这两边开门，这里有匹枋。

问：您们看树、砍树就是在这个山上取木料吗？

答：哎。

问：像您这个房子的木料是从哪里弄来的？

答：在那边搞过来的。

问：哪门把他搞过来了？

答：就是过背啊！

问：找木料有什么讲究没有？

答：没得讲究，一看就是个人的山，就砍个人的，砍别人都不行。

问：砍这个还是要办砍伐证？

答：办砍伐证，今年搞新农村建设，才批的砍伐证，现在有星斗山保护了，不准你砍。

问：您们可以砍好多根？

答：看你房屋建造多少。需要一米、二米、三米、四米的都可以，你如果要新修（房屋），他也可以给你批，但是这边都只能新修木房子了，修石房子的尽量不准修。

问：您儿上面盖的瓦是水泥瓦还是原先的土瓦?

答：这是今年新农村建设国家统一搞的，国家掏钱的。

问：他这个比老瓦还扎实一些?

答：还轻巧一些，他钉的条子挂在上面的。

问：搞这个钉子钉的?

答：钉子没钉，搞的条子挂起的。

问：这个要不要捡?

答：这个不要捡。

问：这个还挺方便的?

答：是的。

问：还有没有关于修房的龙门① 没摆?

答：没有了。

问：好的。谢谢您儿！打扰了！

---

① 龙门：方言，指摆龙门阵，讲故事。

# 第四章

## 德高艺精诵仪式

吊脚楼上梁仪式——
包梁
湖北 恩施白果
石庆秘/摄

　　谈到高拱桥就想到风景如画的枫香坡。在枫香坡脚下就是金家院子，这里是我的老家，在 50 年代初期父辈一大家人举家搬出了院子，落户在青冈树的寨湾。关于老家我没有生活的经历，从我出生以来也只是在儿时逢年过节父辈带着走亲戚的记忆，偶尔父辈们闲谈得知的少许信息。

　　刘昌厚师傅在我的老家高拱桥村的芭蕉山儿，离金家院子不远，按辈分我叫他表伯伯，他和我们金家是至交，曾经跟我远房的一个伯父金延福学木匠技艺，同时与我父亲也是娃娃朋友。在我小时候父亲经常请他来做一些家具活，我开始学画画的时候还是请他给我做的画架和画箱，印象非常深刻，每一次来我都要贱① 他的木工工具。他也常常指导我，看我的架势还认为我是学木匠的料，以至于他要求我跟他学习木匠，不过我拒绝了，因为我有自己的想法，我还是想考学，不想就此放弃自己的想法。不过我现在的一点木工的砍砍、刨刨技术主要还是从他这里舀学的一点。他对我很关照，不仅教我木工的一些技术，曾经还帮忙我请来他的另一个会武术的师

────────────

① 贱：方言，这里专指玩弄的意思。

傅准备教我武功，遗憾的是我没有坚持，也让木工界和武术界少了一位优秀的传承人。

刘师傅见到我很亲切、很高兴，嘘寒问暖。当我们问到木工技艺等问题，刚开始还是有点顾忌，怕什么运动之类受到影响和牵扯，我再三解释下就放开了顾虑，话匣子一打开，他就像从竹筒倒豆子一样毫不保留地摆给我们听。

刘师傅多才多艺，不仅会木工手艺，而且还打得一手好夜锣鼓①，很有文化素养，从他的言谈举止中可以看出他读的书很多，对中国的历史一类的书很熟悉，能够背得滚瓜烂熟，我不仅在儿时见到过他的功夫，这次我们又一次见到了他的文化底蕴，尽管近 90 岁高龄，谈起木工技艺方面的东西，记忆力非常好，他不仅把修房子上梁仪式中说佛事的内容全部讲给我们听，而且还给我们解释了打家具、打锣鼓等一些知识，让我们了解到本地的一些民俗民风。

吊脚楼上梁仪式——
包梁
湖北 恩施白果
石庆秘／摄

---

① 夜锣鼓：指农村在亲人去世以后，在办丧事的晚上请人打锣鼓并唱夜歌，从晚上的八九点开始一直到天亮。

刘昌厚
湖北 恩施芭蕉
金晖 / 摄

**传承技艺：**木工技艺

**访谈艺人：**刘昌厚

**访谈时间：**2013 年 11 月 29 日

**访谈地点：**湖北省恩施州恩施市芭蕉高拱桥村石家嘴二组

**访谈人员：**金　晖 吴　昶 冯家锐 汤胜华

**艺人简介：**

　　刘昌厚，男，土家族，1929 年 11 月出生，湖北省恩施州恩施市芭蕉高拱桥村人。1953 年跟随金延福师傅学习木工技艺；后来又跟随周子高师傅学习木工技艺。

掌墨师用鸡公点梁
湖北　恩施白果
石庆秘 / 摄

问：我们想把民间艺人您儿这块木匠技艺做个调查？

答：我们哪个算得上民间艺人哦。

问：那您儿就莫谦虚了哈，我小的时候有印象嘛，像您儿的话，不
　　仅仅是木工这块，像这个农村的这个唱夜歌这块，您儿晓得的
　　都跟我们讲一哈。

答：就像现在来说，搞木工的话，我们过去搞那一套，现在都不起
　　作用了嘛。

问：那我们就要问，过去那个不作用的，过去起作用的现在不起作用？

答：我认为现在不起作用哒。

问：比方说像您儿做架子屋您儿搞不搞得来？

答：那搞得来。搞得来、我搞得来。

问：您儿当时是跟到周师傅学的是呗?

答：本来开始是跟到你二伯伯（金延福），我原来就爱搞这么些，个人在屋里跟到你大伯伯，大伯伯也搞得来这些。最后你福二伯伯在高头做，那个时候修架子屋比较多，就找我去，我去那个时候搞不来，我就跟到他一路，我爱搞那时候。

问：您儿原来就爱搞这些，就爱好这些是呗? 您儿当时是跟到哪个师傅学的? 是跟到周师傅还是哪个?

答：开始我就是跟到你二伯伯，周师傅是另外一个师傅。

问：哦，周师傅也是我福二伯的师傅?

答：也是他的师傅。

问：周师傅叫周么子啊?

答：周子高。

问：您儿当时跟到他学，他主要教的些么子啊?

答：本来那个我学木匠，我是规规矩矩的学，其他的也不学，根本没有学，为什么呢? 我有那门一个，对于其他的事，我不

采访刘昌厚师傅
湖北 恩施芭蕉
金晖 / 摄

那门<sup>①</sup> 愿意学，但是我学木匠也，就是我个人点巴点事教了哈我，我不爱学那门些。

问：学木匠他跟您儿教了哪门些口诀？比方说做门啊有些么子讲究啊？

答：那我刚开始修高架子屋<sup>②</sup> 的时候，修哒以后我就搞小活路，打家具啊搞那么些。不过我那个时候也（做），也喜欢搞那么些事，对那些事我也有点兴趣。反正我搞得来的事情也，大部分我都爱搞。最后我在搞集体的时候，我就晓得搞副业，在外头搞那些，反正有些事情嘛，边搞边学。那个时候的社会不像现在，特别是有些加工厂啊，搞这么些机械的东西，都是些土办法。

问：您儿学的时候大概是好大年纪学的？

答：我学木匠24岁。

问：那还没解放啊？

答：那哪门没解放啊，解放的时候我将将<sup>③</sup> 20岁。

问：那就是五四年开始学的。那是哪一年跟到周师傅学的也？

答：跟周师傅。那就，刚开始是跟到（你）福二伯，那就是师傅在高头，大部分都是他接这些活路，去哒以后你二伯就带到我（做）。

问：您儿当时接那些活路的时候，那主人家给您儿们开不开工资也？

答：那开工资也。那个时候刚开始好多钱啊？六角钱一天。

问：当时起架子屋您儿哪年做的？

答：就是我学的那年就开始搞这个事。

---

① 那门：方言，指怎样。
② 高架子屋：指吊脚楼建筑。
③ 将将：方言，指刚好。

上梁仪式·祭祀
湖北 恩施白果
石庆秘 / 摄

问：比方说上梁啊有么子讲究?

答：上梁啊。那个时候的社会就是那门个，起高架屋，搞起哒，把
日子一看，或者是几时几时，头天晚上敬鲁班。

问：敬鲁班哪门个敬法?

答：敬鲁班啊，大部分要到十一二点钟的时候，晚上，那个时候就
是搞香纸啊、搞刀头祭酒啊、香蜡纸烛啊。

问：有没有口诀?

答：口诀，敬鲁班有口诀。口诀这个事情我说不出来。

问：您儿先把那个香蜡纸烛、刀头肉摆起以后是哪门做的，整个仪
式是哪门做的?

答：打比方说明天上梁，头天晚上也就支个桌子，刀头祭酒啊，设

个香位。

问：香位是不是设在堂屋正中间的？

答：靠到堂屋下面的。那个口诀我说不出来，我那个时候最不爱学那门些。那个时候师傅就说那个话，你不爱学，你管他哪门在哪里做事的话，你反正只要记到我。

问：就是做事的时候要记到师傅。这个是周师傅说的，还是福二伯说的也？

答：是周师傅说的。

问：我看您儿会歌络句，打夜歌唱得蛮多啊，口诀应该有啊，是不是有点保守哦？

答：这个事那个时候也兴们些，搞门些，你看哪门说啊，你进屋嘛，不管你搞个么子事情嘛，一个起案。

问：起案是么子意思啊？

答：就是到屋来啊，那个就是迷信啊，不知道是真是假啊。到屋了，这个有各种各样不同，我们的师傅就说，你到某家不管搞么子，不论大事小事，首先在心里要默起，这个起案有个字讳，有个口诀，你在心里默到起哒，把师傅也默起啊，到屋哒不管有么子事情没得问题就是那门个。

问：就是师傅把他那个样子记到，是默到师傅在做么子的样子？

答：哎，记到他的那个像。那个我们那个师傅的那个像也，我不应该那门说啊，他那个像也，这个事情就是那门过嘛，敬鲁班一敬嘛，敬菩萨。搞只鸡子啊，还要倒酒啊，酒倒起哒把鸡子卡①出血，还要扎马子。

问：扎马子，那门扎也？

**答**：扎马子就是把现在烧的那个纸，把鸡子的冠子卡哒，就在纸上画字讳。

**问**：字讳哪门过画法？

**答**：那个字讳。

**问**：这个字讳起么子作用也？

**答**：起么子作用啊？就是防止这些事情不出其他的问题。

**问**：这个字讳就这么一个啊？还有没有别的？

**答**：就是这一个，我们就是用这个。反正这个事情我们就有一个看法，对于这个事情我们究竟是真的、是假的，基本上哪个晓得也。反正我们就是说也，我也搞哒几十年哒，反正没得哪里出么子问题，这个是真是假，反正我搞不清楚。

**问**：您儿是不是每次起架子屋的时候都要画这些也？

**答**：那是嘛。

**问**：这些字要写好大啊？

**答**：就这么大就行哒。

**问**：那是搞毛笔写啊？

**答**：那不。那你不管他，我们一般用鸡子，用鸡冠血。这个画得起画不起都是一码事，都是无所谓的，反正你心里要默起这个字是哪门画的。你把鸡冠子捉起画。

**问**：您儿有没有五尺啊？

**答**：五尺我有个。我的五尺是夹尺，折转来是三尺，打伸哒就是五尺。

**问**：是周师傅传给您儿的尺还是自己做的？

**答**：那个本来他跟我说啊的，恰恰我不爱搞那么些，那个时候的社会不同，搞么子修房造屋的话，那个门、窗都有一定的好长。么子窗子要好大好大。那个时候叫量天尺，师傅他要我搞，我又没搞那门些。

问：量天尺是不是就是他们说的鲁班尺啊？

答：我们现在用的就是鲁班尺啊。

问：您儿那个五尺是个人做的，不是周师傅传的？

答：我那个那是我个人做的。

问：师傅没跟您儿把① 过么子东西啊？证明您儿是他教毕业的？

答：没有。

问：那个时候我晓得大概情况啊，那个时候周师傅和金家这边是世交。

答：那就是说老实话，解放以后搞那些事，其实师傅，但是我是心里记到师傅，我也没给适度报答个么子。但是到最后搞的时候，师傅他也没给我搞么子，反正我那个时候从头搞的话，还是同样的收工资。

问：量天尺是哪门个讲究啊？

答：量天尺就是那个所有的管你做个么子那都是有规格的，搞个么子东西，好大、好宽、好长他都有个规格的，所有的东西都在那个高头，你就像我们打家具，都有个规矩，都有一个一定的尺码，应该做好大、好宽，就是那门过，他那个上面就全部都有。过去修屋就不像现在，由心所为，那个时候修屋就是你那个大门要做好大、好宽、好高，都有一定的哈数。

问：和五尺有么不同？

答：五尺啊，五尺跟现在用的一样的，长些，撇托② 些，五尺快些。

问：五尺哪门个用法也？

答：五尺就像我们做大活路，做小活路基本上不要，做大活路任何一截材料的话，起码都是一两丈啊，甚至有两三丈长的啊，那

① 把：方言，指给。

② 撇托：方言，指方便。

你用那个角尺，那够去印①，五尺快些。你在坡上一般裁料那些，那就要拿个五尺。你看像现在这个卷尺一样的，长点快些嘛。

问：那上山裁料有么讲究也?

答：上山裁料没得么讲究。

问：您儿不扎马子啊?

答：扎马子首先就要搞哈。

问：就是开始在修屋的那个地方就搞哒。那个再去砍树，就不做哒。

答：哎。

问：开山下石有没有么讲究啊? 打不打地基石啊?

答：本来有讲究但我没学那个生意。

问：屋的地面是不是先要整平啊?

答：我们那个时候修屋，但是一般呢，我们师傅懂那些事情，一般都是他看地，向指啊。那我师傅门路多也，铁匠、木匠、端公、道士，他还学了点武功，还会医术，所以我就不爱搞哈，那个时候他们五月初过端午，采药，他邀了我几回，我硬不愿意搞，我没跟到去哈。

问：您儿师傅姓周，是贵州哪里的?

答：不晓得是贵州哪里的，小地名我找不到。

问：他哪门到恩施来的?

答：那个时候在解放以前，国民党手里捉兵，当兵，当兵最后逃哒，跑哒就跑到那个茅坝，小红岩上面那个茅坝，他就在石家屋里住起，那个时候石家屋里还有点家底，他就请人修屋。我们师傅说他耐得活，好，就在那里修屋，他在那里修的九柱八的屋。他那个时候一样么子都没得，老板就给他置些家业②，就在那里

① 印：方言，指丈量。
② 家业：方言，指生活用具、农具等。

修栋房子，最后就在外头搞木匠嘛。

问：他最后就在您儿说的茅坝又结婚哒？

答：他最后就在肖家坪那里做活路，最后就和向开基的妹妹订婚安家哒。

问：那个时候怎么会想到跟他学木匠？

答：我那个时候就强强勉勉搞那些小小事搞得来，那个时候修架子屋的多，找不到人，那个时候你二伯伯在高头一下来就讲起我，说我去一个，好嘛，我就去，就修屋跟到一路去哒哈。所以我说我们那个时候，又没给师傅哪个报答，就是那门过。我们去一搞的时候，给他开的工资好多钱一天，我们也就好多钱一天，师傅又没得到个么子。

问：您儿拜师哪门过拜法？

答：那格外也没哪门拜，就承认他是我师傅。么子都没搞。所以我最后带徒弟我也是这门过，我（做）学徒的时候，师傅没要我个么子，我带徒弟我也没要他们个么子。今天你进到三角钱，一天把（徒弟）三角，进到五角钱，一天就把五角。

问：您儿收了几个徒弟？

答：收的规规矩矩搞木匠的三个徒弟。

问：那三个徒弟现在在哪里也？

答：有一个是在芭蕉刘洪新，是我的侄儿子。再就是我们队的舒辉润，还有个周万策；这是我学木匠带的徒弟。

问：您儿跟他们传了么子没啊？跟他们把五尺那些没啊，出师哒？他们出师您儿跟他们把不把么子？

答：也没把么子。因为他们到我这来也没搞个么的，但是我学徒弟的时候也没跟师傅给个么子，师傅也没给我个么子。那个解放以后又不讲那门些哒嘛，那在过去，还要写个投师帖哦。

问：您儿上梁的时候的口诀记不记得到?

答：那个口诀是由个人所说的，你像第二天上梁哦，把梁除好哒，包梁哦。把那个梁丢到堂屋里，搞两个高板凳把那个梁在上面扩起，扩起之后了就首先赞梁，还要说哈佛事啊。

问：那您儿带徒弟，徒弟跟您儿送不送么子也?

答：没搞么子。

问：徒弟不跟您儿送么子?

答：那以前逢年过节啊拜哈年。

问：现在也?

答：现在? 你说没来啊，三不真儿① 他又来哈，你说来他又没来哦。

问：赞梁是要哪门做也?

答：赞梁啊。还要扯块红布，包梁，对角。打比方那门宽的红布，分成一个对角。那个时候包梁还要两定墨、两支笔，还要黄历，就是农历，农历要说啊，越时间长的越好。就要把它们抱起啊。那个梁上的中墨两头是一样长，就把红布包起，就把笔啊、墨啊、黄历啊就把包起。包起了之后也还要开梁口，开梁口两头要两个人一头一个。

问：一般像师傅的话站在哪头?

答：师傅在中间赞梁啊。

问：师傅站中间，徒弟站在两头?

答：那都不管徒弟不徒弟，你找哪个，哪个时候大部分都有一些人强勉搞得来。他就是帮到开个梁口。

问：开梁口就是砍一斧子说一句?

答：你看你个人有徒弟也好啊，有伙计也好啊，他都可以搞啊。那

---

① 三不真儿：方言，指要不是。

既没得，你就一个人在那里搞的话，可以请人帮忙啊。那有些强勉耐得活的，那往常修架子屋的多哈，那也搞得来哈。把梁口开哒，他们就喊的"金带两头一边一个人，用哪个金带捆哒扯上去哈。"

问：开梁口的时候要砍一刀，说一句，那要说些么的也？

答：那个就没得一定啊。说么子都是你个人所想啊，那个都是一些奉承话。你打比那个开梁口的他一头一个，东头一个，西头一个。东头的那个开山子①，那有时候各有各的说法不同哦。有些他说："手拿锉子忙忙走，主东请我开梁口，我开东来你开西，代代儿孙穿朝衣。"打比我在东头的话："我开东来你开西，代代儿孙穿朝衣。"站在西头的他要说："手拿凿子笑满怀，主东请我开梁来，东头开的是金口，西头来把银口开，开金口，露银牙，富贵双全享荣华。"赞梁口，在中间包梁的师傅说："三十三天天外天，南天门外外现八仙；二十八宿星斗线，一步来到华堂前；来到华堂举目望，主东一根好栋梁；不见栋梁犹子可，一见栋梁说端详；此梁此梁长在何处，生在何方；长在昆仑山上，生在黄龙背上；何人赐你生，何人赐你长；地脉龙神赐我生，露水娘娘赐我长。长得头齐尾又大，青枝绿叶在山岗；何人过路不敢砍，何人过路不敢量；张郎过路不敢砍，李朗过路不敢量；只有鲁班先生神通大，一刀两断倒平阳；不要兜不要巅，两头裁哒要中间；兜兜拿起修了銮宝殿，巅巅拿起修了宰相府；剩下一节不长不短，将将一丈八寸长；别人拿去无用处，主东拿去做栋梁三十六人抬不起，七十二人抬不动；主东才请一班官家二郎轻吹细打迎进华堂。""木马一只，好似凤凰；木马一对，好似鸳鸯；

① 开山子：方言，指木工用的斧头。

此梁胜致①鸳鸯。斧头一去，路路成行；推刨一去，一路豪光；手拿龙头墨线，红中一打，与主做个栋梁；自从今日开梁口，子子孙孙长发其祥。点梁，点梁哒在赞梁；赵钱孙李，从头说起；周吴郑王，走进华堂；冯陈褚卫，蒋沈韩杨；诸亲六眷，站在两旁；朱秦尤许，何吕施张；听我弟子，孔曹严华；金魏陶姜，我与主东，来点栋梁。"这就是那个鸡子点啊。"弟子手拿一只鸡，此鸡此鸡不是非凡鸡；是王母娘娘带来的，带来三双六个蛋，抱出三双六只鸡；头顶大红顶，身穿五色衣；一只鸡不算鸡，一翅飞在天空去；王母娘娘撒把米，天空吃，天空长脱了毛，换了衣；玉皇大帝取名字，取名叫做是神鸡。二只鸡不算鸡，头顶大红顶，身穿五色衣；一翅飞在地府去，地府土地撒把米，地府吃地府长，脱了毛，换了衣；幽冥教主取名字，取名叫做是狱鸡。

上梁
湖北 恩施白果
石庆秘 / 摄

第四章 德高艺精诵仪式

---

① 胜致：指超过。

73

三只鸡不算鸡，头顶大红顶，身穿五色衣；一翅飞在山中去，山神土地撒把米，山中吃山中长，脱了毛，换了衣；太上老君取名字，取名叫做是山鸡。四只鸡不算鸡，头顶大红顶，身穿五色衣；一翅飞到田间去，王母娘娘撒把米，田间吃田间长，脱了毛，换了衣；神龙皇帝取名字，取名叫做是田鸡。五只鸡不算鸡，头顶大红顶，身穿五色衣；一翅飞在堂前去，瑞庆夫人撒把米，堂前吃，堂前长，脱了毛，换了衣；长生土地取名字，取名叫做抱小鸡。六只鸡不算鸡，头顶大红顶，身穿五色衣；一翅飞到木场去，仙师娘娘撒把米，木场吃木场长；鲁班先生取名字，取名叫做点梁鸡。别人拿去无用处，主东拿与弟子点梁第。"那个点梁也，用鸡子在梁上点："一点栋梁头，代代儿孙做诸侯。二点栋梁腰，代代儿孙做阁老；三点栋梁足，文到尚司武到侯，点了一笔，百事大吉。"

问：先点梁，再开梁？

答：先点梁，点梁了后头在赞梁，再就是升梁。赞梁就是升梁的时候。

问：梁上上去之后还有么子？

答：梁扯上去之后就没得么子了，我们还要抛粑粑，讲的说佛事，说佛事主要的就是奉承话，就是嘴巴所说。那个架子屋两头有楼梯搭起的，要扒上去，那个说佛事的，就不是说是硬是木匠搞，还有几多爱玩的、说得来的上去说哦。他那个还要粑粑、酒、盘子，到高头了还要喝酒，他这个说法也和我开头说的差不多。"三十三天天外天，南天门外现八仙；二十八宿星斗线，一步来到华堂前；来到华堂举目望，只见云梯摆两旁；不见云梯犹则可，一见云梯说端详；张郎出的云牙榫，李朗做的云牙枋；别人拿去无用处，主东拿来升栋梁。脚踏云梯一步，天长地久，脚踏云梯二步，地久天长；脚踏云梯三步，荣华富贵；脚踏云梯四步，金玉满堂；脚踏云梯五步，五子登科；脚踏云梯六步，六子状元郎；脚踏云梯七步，七子团圆；脚踏云梯八步，八仙寿长；脚踏云梯九步，久久长情；脚踏云梯十步，长发其祥。手搬一穿一丈八，代代儿孙享荣华。手搬二穿二丈三，代代儿孙做高官。手搬三穿一丈五，代代儿孙做知府；鹞子翻身到梁头，文到尚师武到侯。"这就是上梁上上去了。

问：师傅下来有没有说法也？

答：上去了之后就是抛粑粑，抛粑粑。那个其实也，那个要说哪门说得完也。

问：在高头抛粑粑那些，还有没有么子？

答：抛粑粑就是坐在梁上去哒后说："坐在梁上举目望，主东修座好华堂；前有青龙来戏水，后有双凤来朝阳；自从华堂修起后，一生平安乐无疆。"再就是甩粑粑："说此粑，讲此粑，讲此粑粑一趴啦①。正月立春雨水，二月惊蛰春分；三月清明谷雨才下秧，四月五月田中长；五月六月薅秧，七月八月打谷上仓；粘谷打了十几石，糯谷打了好几仓；东村请个张大姐，西村请个巧二娘；请来二位无别事，二位请来进磨坊；磨出粉子白又白，做的粑粑甜似糖，别人拿去无用处，主东拿来抛栋梁。一抛东，代代儿孙坐朝中；二抛南，代代儿孙点状元；三抛西，代代儿孙穿朝衣；四抛北，代代儿孙做侯爷；五抛中央戊己土，代代儿孙做知府。"

问：从上面人下来，还有没有？

答：我默哈②着。"梁上说了大半天，未予主东说根源，堂前一对大粑现，主东拿去置田园。"往年抛梁带的个大粑粑，那个大粑粑

---

① 一趴啦：指一系列的事情。

② 默哈：方言，指回忆一下。

带下来。

问：就是这么过就结束了，整个仪式就完了？

答：嗯。这个就差不多了。

问：嗯，这个完了。比方说，您儿在做的时候，他的这个尺寸高头有没有讲究？梁的尺寸有没有讲究？一般是好多。

答：这个说是这么说，一丈八尺六寸长。

问：但是做是不是做一丈八尺六寸长。这是这个哈，还有就是在做门的时候，这个门是上大下小，还是指大门？

答：大门啊，大门下头小些，房门了上头小下头大。

问：这个有么子讲究？

答：这个没说个么子讲究，反正就是天宽地窄哦。那个晓得是哪个结婚，我们到他家里装那个屋做门，装房门。那个伯娘就说："厚表叔，您儿做门晓不晓得哈数哦？"我说我晓得哈数，您儿晓不晓得哈数哦？

问：做房门下大是与生育有关？

答：它其实大，大不得好多哦，小就小得到几分儿。

问：一般大门讲究上大下小是讲究个么的？这个为什么会跟生育系统有关系也？讲的这个房门主要是主人的房门，上大下小是讲生育顺利吗？

答：过去讲究的是么子也？不管你搞个么子，你就是修房造屋也好，打家具也好，反正做个东西，他有个尺码。有个么子尺码也？他并不是完全是它们（尺寸），他是一分的问题，过去就讲个生老病死苦这五个字，主要要做到生字高头。

问：就是这个尺上面的字哦？

答：生字上面相差好多也？也就几分儿，反正是一分儿，大点的东西就是一尺。再就是么子哦一、六，这两个东西落到的地方。

上梁仪式·赞梁
湖北 恩施白果
石庆秘／摄

你看现在在外面搞这些的像白事，就是要这个。

问：他那个大门是上大下小，房门是上小下大，那讲天宽地窄的话，
　　大门合得到，房门合不到。

答：方便，下头大点。

问：这方面讲究的生育观念，是一种生育崇拜了，大门不是的。大
　　门从科学的角度来说，我们看的话，高头宽一点就形成直线，
　　视觉来看。实际上他那个讲的是天宽地窄，讲的是天比较宽。
　　其实大门的宽是讲人的眼光事业的宽阔。而那个房门他是反的，
　　他是讲生育，就是多子多孙。是一种象征，多生子，非常顺利。
　　还有我想问一下，您儿打家具做过雕花床没得？

上梁仪式·赞梁
湖北 恩施白果
石庆秘/摄

答：那个我耐不活。

问：那尺寸有没有讲究？

答：离不得一、六。打比 ① 我们过去的话，打比 说要宽的话，三尺
六,四尺一。

问：四尺一的话，他有么子讲究？

答：生老病死苦生，落在生高头。一也代表生。

问：那这个一不是一生二,二生三,三生万物，那不是和道家里头易
经汉文化有关系哒？六是哪门过意思也？

答：生老病死苦生。

————————————

① 打比:方言,指例如、比如等。

问：哦，他又重复道这里了，相当于一了。在打床的时候留不留半寸啊？比如说四尺一寸半？

答：他那个有小东西就说不到，打床就主要说宽啊、长，其他的就没在那个高头去了，就没得哈数哒。

问：木匠进门的时候要安木马，有没有什么讲究？

答：木马啊，木马有么子讲究啊。过去一般了是不能在头上坐。所以这个梁树，在哪里开梁树回来，不能从上面跨过去。

问：您儿再跟我讲哈唱夜歌① 这些？

答：唱夜歌哪有么子哈数哦。

问：您儿在这方面也是行家。唱夜歌大致的准备，哪门做？

答：过去唱夜歌就是不计多少，三个五个八个十个二十个都可以。开始就是开歌场。

问：开歌场唱的内容主要是些么子？

答：开歌场是个比喻说，就像那个历史里讲开天辟地，最后讲天降洪水，没得人烟啊。最后由伏羲制人烟啊。

问：那是不是土家族的史诗类的啊？

答：哎。

问：他是土家族的伏羲。把他土家族化哒。那再还唱些么子也？唱歌的歌词内容？

答：要讲规规矩矩唱歌，现在没得个哈数哒。过去唱歌那就是规规矩矩，首先来讲就是把歌场开的，要唱么子就唱么子啊，根据死者的情况啊唱他一些。再就是一般了就不讲几天，就讲一晚上来说，你就光摆那些场②，啥那么多场摆也。起码就要讲到个

---

① 唱夜歌：指农村老人去世后，请艺人在治丧期间的晚上打丧鼓，唱歌，以示悼念和活跃气氛。

② 摆场：方言，指讲故事，经过。

书，或者是汉书、唐书么子书。就讲那一段段。

问：您儿像讲书的话您儿喜欢讲么子也？是讲三国啊还是讲么子内容？

答：大部分还是汉书多些。

问：您儿在唱腔高头有不有么子讲究？

答：那个他有板调、韵头。

问：那个韵头是些么子韵？

答：上韵下韵。以歌词来说，有平上去入。唱歌了他就一个字两个上韵两个下韵。

问：恩施这边是平上去入，普通话是阴阳上去。

答：你打比这个烟来说，烟、岩、眼、燕。他这个有个口诀的。究竟好多韵，没听出来讲出个哈数。十五个韵：之词红灰五王华高德二天地人合来。这个就是唱歌的韵。

问：哦。主要就这些。

答：是的。基本上就这些，我全部讲了。

问：好的。耽误您儿时间了！谢谢您儿！

# 第五章

## 隔代传承继手艺

陆家院子
湖北 宣恩长潭河
金晖 / 摄

宣恩长潭河，在七姊妹山脚下。七姊妹山是国家级森林保护区，头一天在宣恩的椿木营看到了山的全貌，中午我们绕山顶而下，这里风景迷人，空气清新，应该负氧离子很高，公路盘山而建，甚是险峻，右边是万丈深渊，由于阳光普照，沟底依稀可见。近两个小时的车程，我们下到了沟底的长潭河乡镇。

长潭河具有很悠久的历史，地处宣恩县的东北部，在元朝就被东乡五路军民府管辖，明朝属东乡安抚司管理，清乾隆元年（公元 1736 年）之后正式归属宣恩县东乡里治理。1949 年以后分别成立长潭河区、第三区、人民公社；1986 年以后设置会口侗族乡，但中间又经过多次调整辖区，直到 2001 年几大乡镇合并成立了长潭河侗族乡。

宣恩的木结构吊脚楼非常丰富，应该是目前吊脚楼保存得完好的县市之一，在宣恩有闻名于世的彭家寨吊脚楼，但是我们在长潭河也见到了不少吊脚楼，也有重新修建的陆家院子及风雨桥。在这里还有不少图案各异的窗花，还有难得一见的"看梁"①等民俗现象。

---

① 看梁：又叫陪梁；指除了主梁之外，在大门吞口上的第二根檩子下方安的一根梁木。一般不做看梁，一说是主梁木比较粗大，改下来的剩余梁木就安放在此；另一说父母健在不能做，父亲还在可以安的一根梁木。

凉桥
湖北 宣恩长潭河
金晖 / 摄

　　晚上我们有幸采访了百忙中的龚伦会师傅，年轻时跟随嗲嗲学习木工手艺，属于隔代传承；龚师傅是高中毕业，在农村是属于有文化的一类，能说会道，在木工实践中自行创立用英文字母标注梁柱，他不在现场，其他人照样按照之前的标注进行施工，减少了其他木工帮工时不认识鲁班字的困难；另外龚师傅在上梁仪式、"看梁"、窗花图案等方面也颇为研究；虽然是隔代传承，但木工技艺在龚师傅手中已经发扬光大。目前，龚师傅每天都接有修建木结构的吊脚楼工程，他做掌墨师设计样式，其他的师傅按照样式施工，带领一班木工艺人一同发家致富，为建设新农村做出了应有的贡献。

龚伦会
湖北 宣恩长潭河
金晖 / 摄

**传承技艺**：木工技艺

**访谈艺人**：龚伦会

**访谈时间**：2013 年 12 月 4 日

**访谈地点**：湖北省恩施州宣恩县长潭河乡中坝村九组 35 号

**访谈人员**：金　晖　石庆秘　黄　莉　冯家锐

**艺人简介**：

　　龚伦会，男，土家族，1962 年 3 月出生，高中文化程度，湖北省恩施州宣恩县长潭河乡中坝村人。19 岁跟随爷爷龚方腾（龚南成）学习木工技艺。

**问：**您儿是么的民族啊？

**答：**土家族。

**问：**您儿今年好大年纪啊？

**答：**51。

**问：**您儿的手艺在哪里学的？

**答：**手艺是跟到本来是爷爷，我们喊嗲嗲；我们这个地方喊嗲嗲，跟
到他学的，我自己的嗲嗲。

**问：**您儿好大年纪学手艺的？

**答：**学手艺啊，学手艺的时候只有 19 岁。

**问：**当时怎么想到学手艺的？

**答：**我们那个时候读书嘛，高中毕业就搞对面那个檐沟，那个时候
我是搞技术员，那个时候国家没得资金嘛，没搞起。最后就回
来了，回来了就自己嗲嗲嘛，我父母就讲跟到他学艺。

**问：**您儿爷爷叫么的名字啊？

**答：**我爷爷啊，小名叫龚南成，一般都喊的小名。死了，今年正好
100 岁。

**问：**南是哪个南？

**答：**南是东南西北的南。

**问：**成是？

**答：**成功的成。

**问：**大名呢？

**答：**大名叫龚方腾。那一般都没得人喊。龚家的字讳是方，腾是奔
腾的腾。85 岁的时候死的。

**问：**您儿爷爷那个时候就住在这里？

**答：**就住在下面。我后来搬上来的。

**问：**您儿爷爷是跟到哪个学的？

答：我爷爷没跟到哪个学。我爷爷是自己看到别人修屋的时候就自
　　己开始。

问：现在找您做吊脚楼房子的人多吗?

答：去年没有，但今年做了几支①，今年做了三支了；前头那几年就
　　相当多。

问：为什么去年没有啊?

答：去年就是修平房的多。木房子就是现在感觉材料起来了，感觉
　　木房子好了就做木房子的多了。那几年就是最高纪录做了四十
　　支一年，这几年就是。

问：那几年是好多年前?

答：就是去年一年没做，那几年都做的啊，只分多少。

问：之前做木房子多，然后后来又变少，现在又有人做它，这个原
　　因是什么?

答：原因就是，第一现在感觉到平房第一就是漏嘛，再一个就是平
　　房冷，没得木房子热火嘛冬天。

问：漏是什么?

答：漏雨，平房要漏雨。

问：那您儿跟到学的，出师的时候您儿的爷爷给了么子?

答：那我们就不存在，我们是一家，我们就不存在度职②，谢师啊那
　　些都不存在。

问：那现在做木房子，这些村民在用房子的时候觉得有没有什么问
　　题啊? 有没有什么需要改善的地方? 木房子有没有觉得不太好
　　的地方?

答：觉得不太好的地方第一就是防火的安全，这是木房子的一个缺

---

① 支：方言，指栋。
② 度职：方言，指为出师常引的仪式。

点。再一个木房子就是风呢，这个风木房子有个缺点，吹大风就没得平房子好。这是它两个最大的缺点，但是寿命他要比平房子高。

问：那这边木房子维修的话，它主要是损坏什么？

答：维修损害一般就是装的板壁，再就是橡皮和檩条有时候一点点出问题了就要修。

问：出什么问题呢？

答：漏雨啊，打比木房子这个瓦，瓦没有盖好嘛，漏雨嘛，它就要坏嘛，坏了就要维修啊。

问：是腐烂吗？

答：漏水。我前天在上面都维修了一支。

问：那如果没有漏雨的情况一般都没有问题？

答：一般都没得问题。

问：您儿有没有五尺啊？

答：没得，我就是用的钢卷尺。

问：您儿跟到您儿爷爷学的时候也？

答：都没的，我爷爷也不用五尺。我爷爷没读过书一字不识。

问：您儿做这些的时候用的钢卷尺？

答：用的钢卷尺，又简单啊又方便。

问：门规尺有没得？

答：门规尺没得。农村里一般相信么子也，相信迷信的想法，这个鲁班尺用来之后，农村里还讲究这个。一般不用鲁班尺。

问：房子是什么时候开始做砖木的结构的？

答：砖木结构那做了十几年了。大概八几年到九零的时候。

问：八几年？

答：八五年以后做砖木的结构。

问：他们那个时候做砖木结构主要是因为防火？

答：不是防火，是木材少，为了节省木材。节省木材再一个就是么子也，砖简单，它一装就紧了，就可以住、凑合住人。

问：如果在后面住的时候觉得空间不太合理了，现在想要改一下，这个砖拆了之后对木头有没有损害？

答：没得。

问：就是不会有损害，那就是拆了以后柱子可以保存好？

答：柱子可以保存，以后还可以重新砌墙或者是装上木头啊也可以。

凿眼子
湖北 宣恩高罗
金晖 / 摄

问：您儿修房子有没有比较讲究的仪式？

答：仪式一般都没得么子。但是这个农村的，机关单位就不讲究么
　　子。像农村里一般就是还木马啊，看个日子啊，再一个就是去
　　了他要给你搞个红包啊，那就是每个师傅要搞个红包啊。再就
　　是立屋的前一天有个仪式啊。

问：立扇架前？

答：立扇架前，打比明天立，今天就要祭鲁班，农村里讲这个就有
　　个仪式哦。

问：有哪些仪式也？

答：仪式那个就是要搞酒啊、菜啊，要到新屋的场子上去举行个仪
　　式。要用鸡子点血，点在酒碗里，这个就是涉及迷信的讲法，
　　现在机关上也不讲究迷信。迷信就是么子也，这个血啊点到碗
　　里，也确实有这个事，我还是承认这个事，有的一点上去，一
　　碗酒全部红完，那这个屋做起肯定不行，他就有这个事。像我
　　在两河，它有三碗酒都没得问题，所以帮忙的都没得受伤。哪
　　碗酒出问题了，那帮忙的那个就要出问题了。这就是迷信的
　　讲法。

问：点血的酒是几碗酒啊？

答：三碗。

问：那您儿在祭鲁班的时候肯定还是有一些您儿要说的东西吗？

答：那讲究没讲么子。祭鲁班没得你么子歌络句① 讲。那要除了扯
　　梁木的时候才有歌络句讲。

问：您儿扯梁木有哪些歌络句也？

答：那个多。上梁词很多。像立屋起扇的时候有个歌络句："东边一

———————————

① 歌络句：方言，指在仪式上的唱词，比较顺口押韵。

90

朵祥云起，西边一朵紫云开；祥云起，紫云开，鲁班仙人下凡来；鲁班仙人赐我一只鸡，是王母娘娘带来的。王母娘娘带来三双六个蛋，抱来此鸡；昆仑山上放鸡蛋，凤凰窝里出鸡儿；寅年包的银鸡蛋，卯年出的卯鸡儿，申年出的子午鸡；此鸡不是非凡鸡，生得头高尾又低；第一只飞到天门去，天门土地不准归，家鸡变成雉鸡飞。第二只飞到山东去，山东土地不准归，家鸡变成雉鸡飞。三只飞到竹林去，竹使夫人不准归，家鸡变成竹鸡飞。四只飞到茅山去，茅山夫人不准归。须弥山上找食吃，蓑毛身上搜毛衣。只有头高尾低的五只鸡，不等天亮就叫起，叫得东方日头出，叫得太阳偏了西，别人拿去无用处，弟子拿去掩煞气，天煞归天，地煞归地，年煞月煞日煞时煞，一百二十个凶神恶煞。煞煞有止，见血回头，良工在此，鲁班在位。年无忌，月无忌，紫薇高照，百无禁忌。主东造房要有鸡，金字牌匾心中喜，起扇立屋众人帮，同心协力泰山移，前后左右人排齐，听弟子一生把扇起。用鸡血画个紫薇符在扇上。"

问：您儿像上梁梁树这方面有没有这个也？有没有仪式也？

答：梁树啊，那做红包都有啊。

问：您儿去的话有没有画字讳啊？

答：画字讳梁木不画字讳。

问：扎马子有没得？

答：扎马子要砍料的时候扎。砍料进山伐木的时候看那个山，要是凶山恶水就要扎马子，一般用鸡公哦。举个例子哦，像陈祖山的立那个屋，陈祖山的妈就给我讲，这么高的屋要注意安全啊，那我就讲那您儿的鸡子就莫放到这里哦。这一讲就讲到迷信了。这个就要保证那天立屋别人要保证安全。那个就要用鸡子画符哦。用鸡血，用烧纸啊，用香啊。

问：我问个问题，就是问为什么要用鸡血？

答：鸡血能够镇煞①啊。

问：为什么不能用其他动物的血？

答：其他动物的就不行啊，打比方说狗血，狗血就是个厌物，就不行。

问：就必须用公鸡？

答：公鸡还是要叫的。

问：我看到这边房屋的这个堂屋的为什么不做顶啊，不做二层？

答：也可以做，也可以不做，这个要根据主人家的要求。

问：您这边几乎都没有做？

答：那也可以做。有些做啊，有些没做。

问：不做的话是为什么？

答：往年就有个么子也，这个堂屋不做顶，玩灯啊，我们这边喜欢玩狮子灯啊，挂红包将就高。搭台子就搞几张桌子垛起来了，狮子在桌子上去玩。但现在都没有了，现在都钭枋了。在我们农村里讲的梁木是个主啊，要看得到梁木啊。

问：过去做燕子楼？

答：有燕子楼啊，有些是满斗，有些燕子楼都没做啊。

问：那就是做满斗的还是少？

答：那多，做满楼的也多。利用率高些，我们都做了若干。

问：您儿这边传下来的修房子一般高度？

答：这个高度要我们和主人家协商，或者讲九个头，十一个头，十三个头，看它头数的多少。再讲我这一层楼要有好高的空，他要讲这个。你在设计才定得到高度。

---

① 镇煞：方言，指巫术中的驱邪避鬼，避免灾祸的说法。

凿眼子
湖北　宣恩高罗
金晖／摄

问：就是一般情况下就是一丈六八、一丈八八？

答：我两河村那个屋就有二丈五尺八高，他当时就定了第一层要九尺，第二层要八尺，没得这么高就做不下来，所以既有二丈五尺八高。但是有些只有两丈二尺八高，两丈一尺八高的也有，他就是根据老板的要求。

问：等于尾数都要带个八字？

答：基本上是农村里讲的要得发不离八。带个八字了发家。

问：最高的话可以修到好高？

答：最高的修到两丈八。

问：扇架的退水您儿修的是哪门过？

答：退水就是您儿讲的水面啊？柱头与柱头的点中① 啊？点中一般

---

① 点中：方言，指正中心。

都是做的二尺五。八十三公分。

问：柱与柱之间的间距吗？

答：中对中一般都是二尺五。老板如果要求讲做二尺七或者是二尺四，也可以。

问：最高可以做到好宽？

答：就是步数啊，最高就是二尺五。有些还做得窄些，打比方做得窄，前面要蹲亮柱啊，他前头的步数和中间的步数又不同。两河村的那个扦子的步数就不同，那个扦子就有一米，但是里头的步数只有二尺五。根据他那个要求，他这个屋要哪门设计好看。那我蝎子河那才没几天立的那支又有不同，两边只有一尺八，两边一步只有一尺八，两边蹲亮柱，他四方亮柱。

问：您儿这边走廊这个结构高头啊，在挑高头，咸丰那个挑直接从

凿眼子
湖北 宣恩高罗
金晖／摄

角里出去的，我们刚才看您儿这边每个柱头这边伸出去了，然后这边补的一个。

**答**：那个挑就是么子也，这里有个角柱。举个简单例子，这个角距上不斗（同安装）个挑，那里不受力的话，那个檐对人盖瓦危险大，它安全。这么搞起了以后，随便踩啊它安全。

**问**：但是比方咸丰那边这个挑就是直接就是那里，这个檩子是这么扩起的，这边的檩子这么扩起的？

**答**：它没扩挑。

**问**：他就是角挑，他没得您儿这个，您儿这个就是直接出来，然后这个地方再补的一个？

**答**：那就是做的一个角柱。他有一个转角柱，那个就叫八角搬爪。

**问**：哦，这个就叫八角搬爪。

**答**：八角搬爪撑起去，走马转角楼，又叫吊脚楼，又叫转角楼。

**问**：在土家族地区是不是叫转角楼，还是吊脚楼？

**答**：像它那个立到皮面（上面）的，就是有一扇掉下去的，有两扇在上面的就叫吊脚楼，但是都蹲在上面的，扦子在二层楼上的就叫转角楼。它要吊下去的就叫吊脚楼。没吊下去的就叫转角楼。吊一间的叫吊脚楼，下面还有一层。

**问**：那前檐和后檐的退步是不是有点不一样，还是一样？

**答**：都是一样的。屋必须要一样。它不一样的话，第一它是丑，第二它不好看，再一个硬讲长，后檐比前檐适当长点点，水都是一样的，它在撩橡皮的时候，挂踩檐，就是我们农村里讲挂踩檐，就是撩檐的时候适当要长点点儿。它农村里老年人就讲了这个问题，要是前檐撩长了，后檐撩短了，往年老年人讲的么子也，前洼后拱，做绝人种。它就是老年人讲的哈，就是这个问题，所以你必须要把后檐长点，不能日弄人家，人心不能坏，就是讲的这个问题。做绝人种啊，往年子讲的，他就不能做着样的屋，不能害别个①。就是前面长了哈。

问：前面等于不能长了，后面还是要拖点檐？

答：就是后檐撩檐的时候，适当的长寸把。

问：前面的短点？

答：拖两步水的也有。根据地势要加宽啊，后面搞灶屋啊，拖个三步水。拖四步的我们都拖过。

问：反正就是我记得我们那边修木房子一般都是后檐要长些。

答：后檐是长些啊，就是不允许前檐长也，要后檐长。

问：后檐要比前檐低很多。

答：那么有个问题在哪里呢？打个比方像我们做那个两层楼，你想要做转角楼走过来那不可能。后檐要拖了的话，你要走过来就不可能。他要做平，做平第一是为了要美观，第二它好走路，那个中层它好走。

问：您儿做扇架的时候中堂和耳间的话，两边的扇架是一样高还是有区别？

答：那山头的要高点。它高一点的道理在哪里？檩子兜兜大些，巅巅小些，巅巅扩在山头的，你要是扇架都一样高的话，要基本上达到是平的才好看。

问：您儿的专业术语叫么子？

答：叫升扇。

问：升扇要升好多？

答：这个要根据屋的开间的长度来定，打比方我这个屋的开间有五米，我就说不到要升两寸半到三寸，如果这个开间只有三米，

①　别个：方言，指别人。

那我就只升五公分，你升多了就不行。升多了它一指指到那个高头去了，翘很了就丑了屋，要因地制宜。

问：有的讲升扇和升三有关系。比如说耳间的扇架升三寸有没的这个说法？

答：升三寸就是我讲的看这个距离的开间长度的多少，这个要因地制宜。

问：您儿是根据屋的开间的大小决定升好多？

答：打比方说我这个开间硬是短，你升高了它一下弯起去了，这个屋就丑了。这个屋讲的话平点点儿，山头稍微高点点儿才好看，你硬是过于高了扇头丑了。

问：那一般最高升好多？

答：我最高的我只升二寸八，这个是最高的，升高了就丑了。这就是我五米的开间我只升这么高。

问：五米的开间就是一丈五。

答：嗯，一丈五。你像有时候做三四丈的开间我就不升这么高，你升高了就丑。

问：二寸八一般数字要升的话，尾数就是八？

答：我一般的都是这个往年子老年人讲的这个。

问：等于做双数？

答：但是做的话，做的过程中我们依到我爷爷的，为什么我没依到我爷爷的呢？老年人在有些方面，我们边做，边根据自己的思维和大家下手啊，不见得我一个人讲的就是全部正确的，还有下手，下手他要哪门跟你谏言的，他可以谏言，他搞不来，掌不到墨他谏得来言。

问：您儿爷爷那个时候是哪门说的也？

答：他们那个时候说的是老古套，要好多好多，我刹个水啊我都改平了的，没像他们那么陡，像那么陡的话，盖瓦我难得捡瓦。

问：过去的水是做的好多？

答：那过去往年都是做的五分四。我现在做最多都只做四分五，或者四分四、四分三的。往年做五分四、五分五的，那个就陡了，我难得捡瓦，陡狠了梭瓦。

问：实际上就是那个几分水几分水还是要根据柱子之间的距离决定？

答：那不，那个基本上是一致的。柱子打个比方说这个开间这个空，柱子一步对点中的话，或者有一米，或者只得八十三，或者八十五公分，那我这个到那个高头我在算，需要一步做好多，一根柱头。这个好比中柱比大骑①，那大骑比中柱就要矮好多。那个就根据这个算下来的。

问：那就是水面决定下来了，再来决定柱子的高低？

答：那不，水面、柱子的高低一估就出来哒啊。

问：您儿的就是中柱决定、水面决定，然后决定其他柱子的高度。这是这么个程序。

答：那程序都很简单。我从下面决定下来。做屋像我们就和他们不同，他们那些师傅一般做，往年子那些老年人要依几尺，那我依不到，我要从上头算下来。但是我要依大挑出来，大挑不出来，你算不出来那个水。挑不出来我算不出来水的。我和他们搞得不同。

问：这个开间和进深它和柱子之间有没有什么讲究啊？

答：没得么子讲究。

问：它那个柱间距一般是做的多少啊？

---

① 大骑：方言，指建筑中骑在枋上的柱子。

答：二尺五。

问：就是点中?

答：嗯嗯。

问：进深与数字有没有关系啊?

答：进深都是由老板决定的。我们都不决定。他做二尺五的步，做十一个头、九个头、十三个头都是他讲，我们就根据他讲的要求做。

问：您儿刚才说到挑，您儿一般做的么子挑?

答：这个我都不管。这个是老板要求，老板说做翘挑就做翘挑，像我们讲的板凳挑的就是一封书下来的，我们讲的叫一字桥，老板说那我们就做一字桥好看那就做一字桥，老板讲我挖的兜脑壳做爪爪挑那就做，这个根据老板的要求来的。

问：爪爪挑是?

答：爪爪挑像磨抓，那种爪爪挑我们现在一般没哒做了，为什么?爪爪挑对水面啊、美观啊有很大的影响，它就像不好看。像两河那边我门都是用的一字桥。翘个两三寸、三四寸，多少翘点，他硬是直的有这么个问题啊，直的瓦一压上去还要压一点，它明明蚩（伸）出去那么长，不多少压一点。像我上那么多枋了它都压个几分，枋上的少的话要低个寸把，所以比多少有个爪爪就丑了，它一栽下来就丑了。

问：还有一种那是我在其他地方看到的，就是建始花坪朱和中 [1] 的房子，他的挑就是耷到起的。

---

[1] 朱和中（1881—1940）：字子英，原名大顺。国民党政要，湖北建始花坪人，早年入湖北武备学堂，后留学德国，加入同盟会。辛亥革命爆发后回国，任南京临时政府陆军参谋部第二局局长，1924年后，曾任广东兵工厂厂长、国民政府立法院立法委员等。1940年6月在重庆病逝。

**答**："耷"的意思是朝下，那叫马脑壳挑，那也有个讲法的。像马脑壳的挑，它的爪爪朝下头安起的，做我们也做过的，但是一般没得哪个做，那个做起丑。

**问**：他那个有人给我解释啊，他那个叫龙戏水。

**答**：龙戏水哈，他那个要做八角搬爪，他所有的挑都是像那么安起的，全部那支屋要安那个才乖他也就是面子上。但是刚好他的那个房子就是两边的耷是平挑，但是中间的那两个就是耷到起的。当时我看就没看明白，后来一问他们就说是这么个意思。

**问**：您儿这个挑的话和水面结合的时候打柱子上的眼子的时候哪门来确定他的这个位置也？因为这个有的是弯的，有的是直的。

**答**：那个挑我要以上面牵个水平线，挑不是一出去了之后柱头上面要水平线，讲这个水平线您儿们都懂哒，到水平线上面还剩好高，看它有好高。打个比方，我这个屋一步做三十五公分。那就举个简单例子，做三十五公分，我那个挑出去五尺，我就要做两步算，那就要做七十公分，做七十公分。那个挑要是翘得到四寸，我必须要做三寸，因为我下面的眼子要往下赶三寸，你不往下赶三寸，那个挑一翘了之后那个水不得出去了哦。

**问**：您儿水挑水出去挑大点的话，必须把那个位置搞准？

**答**：那个位置必须要设计准啊，那不是立起哒水不得出去啊，那个挑如果低了那个挑就丑了哦。

**问**：我在外面采访到有的木匠做前檐口也有往前升的。

**答**：升檐口升不升也，要升点点儿，就是我刚才讲的啊，一般我们都是升寸把，你不升点点，檩子上上去前头挑要耷一点点儿，它耷一点儿你不升点儿，它那个一耷自然就是平的了。

**问**：一般这个升一寸？

锯料
湖北 宣恩长潭河
金晖 / 摄

**答**：升个寸把就行了。它不是一耷下来，那个水面就不得一封书下哈。那那个底下要是得空的话有时间我领您儿那底下有支屋，那支屋是我去年在那里做的，六间屋的水面一封书，县里若干人都来拍照啊的。那硬是一封书的，那个水平面就像海水一样平。我做到那门个程度啊的，整个檐口包括上面脊面硬是一面全部做到这么过啊的。他这个也有若干也有这么过，但是檩子，打个比方这个檩子，生的是不能上瓦的，生的檩子再粗上瓦都要弯的，檩子都必须要晒啊，晒干了之后才能上瓦。

**问**：您儿是只做扇架、立屋，然后那些装板壁啊那些，做不做门那些?

翘檐
湖北 宣恩椒园
金晖 / 摄

答：那老板讲第一是根据我的时间，我时间硬是抽得出来可以，或者是老板你立了就帮我装，我也可以装，要看我的时间，要根据我的时间来决定。两河村村委会我就没去成嘛，当时就给我打好多电话，我底下的事情太多了。

问：您儿传下来的做门有么的讲究？

答：做门没得么的讲究。现在做石房子的硬门的，就不讲究哒，像往年装木门就有讲究，装木门有讲究，打比方像新人房门，那你就要么子也，你就要下头，那是老年人讲的，像新人房门下头要大点，上头小点，它对生育上它顺利些，这个是迷信的讲法。

问：小的话，要小好多也？

答：那只相差点点儿。

问：您儿做的话，小的到几分？

答：几分分儿哦。

问：几分？

答：一两分、两三分那么个样子，那个不存在好多哈。大门叫财门，财门就要上头宽，下头窄，它也窄点点儿，只悬殊点点。

问：这个有么的讲究啊？

答：往年子那些书我没看到，像鲁班书那些书没看到，在我们长潭河也很少，他们讲书上有讲究，具体的我也讲不到。

问：您儿爷爷也？

答：那我爷爷也没得书，我爷爷一字不识，没读过书。

问：您儿学的那些升扇架、上梁这些口诀是您儿爷爷传给您儿的？

答：那不是，那都是我们自己在外面学一些啊，还有我们个人的想象啊，别人有好的要总结经验。

问：您儿还拜过其他的师？

答：我没拜过，搞木工这方面我没拜过其他师。那搞别的就拜了一些师。那像搞迷信啊，我就拜了师，这个搞木工没有。

问：主要就是您儿爷爷教的？

答：搞木工是我爷爷教的。

问：搞迷信活动是指哪些也？

答：那就像找我看地啊，搞这些就是跟到别的师傅学的。

问：实际上就是选地基？

答：像这些我就是跟到别个学的。打个比方结婚啊、葬坟啊、立屋啊，择期看日都是跟到别人学的。

问：您儿就是选地基有没得讲究？

答：那个讲究多，那一哈讲不到好多，讲迷信，根据生庚八字啊，根据这些方面去讲去了。打个比方举个简单例子，好比老人，像我们对面老的一个，他是丙戌年的，丙戌年的葬么得字头，你就要讲这个东西，第一不能亏亡者，第二不能亏孝子，那高头要讲那个。那个书上讲一个人只能葬三个字头，三个字头一看今天字方向大不大利，还要讲这个方面。

问：选地基有没有讲究也？就是修屋选地基？

答：选地基那有时候也要讲。讲还是要讲，但是一般讲得少。有些地方不能做还不是叫别人不去做。

问：有哪些地方就是不能做屋啊？

答：举个例子，就像这个地方是两水溪铧①那就做，做了之后这个地方不管任何人做起要做绝的。举个简单例子就是这么过。像这个地基是两水溪铧，就是像我们农村讲的耕田的这个铧口，两边水这么来，像个铧口，任何人做起都要做绝。

问：就是两边不能对到起来水。

答：这个里头的一哈哈儿就讲不抻侥腰了。水又分么子水，水又朝哪门流，那个里头多。

问：朝向上有没有什么讲究？

答：朝向上讲也讲，讲山啊那些哦，山势向哪门过哦？

问：朝向主要是看山？

答：看山、看水啊。那个到哪个方面都不必要讲那么多，为什么呢？现在不能讲迷信啊，都是讲科学。

---

① 两水溪铧：两水溪指当地有两条溪流交汇的地方，两条溪流形成像耕田农具铧口形状一样的地貌。

问：这是科学不是迷信。就是现在属于生态环境。

答：中国的讲法叫易经。

问：您儿像您儿说的看山看水啊，这些有不有简单的歌络句啊？比方水修屋脊。

答：没得歌络句。

问：都是根据房东的要求？

答：它那个歌络句有，但是它不是一点点儿。打个比方像今天，这个不必要记的，死个人，我们队里死的是我们的婶儿，就埋在那边的，她是丙戌年的，像今天埋不埋的啊，她属鸡属龙属兔那三个日子就埋不得。那个东西要跟她算下来，这就是简单例子像这个，那那个里头歌络句多。

问：您儿这个择期的话，您儿修屋也择期？

答：修屋也择期。修屋择期没得么的歌络句，这个老板的生庚八字啊这些。

问：那如果这个甲子里面属火的话，您儿会不会起屋？

答：甲子里面属火可以修，立屋逢火也可以。打个比方的话，像这个主东他是水命，他或者甲申，甲申乙酉全中水，他或者壬戌，壬戌癸亥大亥水，他是水命，壬申癸子长流水，天天都有水来，他逢火那天可以立，他天天都有水来，火是起来不了的。这个就到五行相克，五行相生了就讲这个东西去了。

问：您儿去修屋，支木马那天肯定是有很多讲究的？

答：支木马一般都没得，就是我们讲究么的也，就是像这个屋里有没有怀胎妇人啊，有没有猪啊、牛啊、鸡啊、狗子啊、猫儿啊，有没有要生啊的，那个要讲究。

问：如果有怎么办啊？

答：那有我的办法啊。那个要搞迷信。

问：那个其实也不能说是迷信。

答：那个是迷信，就直接给您儿们讲起，您儿就照到我的歌络句去搞，您儿念不灵的，那个要全。

问：您儿那要招呼有没有歌络句？

答：那有，那个要全，那个就是讲起都不起作用的。

问：您儿举个例子嘛。

答：那个不必要举例子，那个不起作用，那个念起也不起作用。

问：那个实际上您儿边念，还要边画字讳的？

答：哎，那个要画字讳的。那不是一个字讳是几个字讳。那个东西是个迷信但是那个跟么子一样的呢，它还又不是迷信，他除了么得问题了。像我们对门有一家姓梅，就是梅石泰哥哥屋里，他那个媳妇硬是跶①了之后，那个我也是搞的迷信，她跶跟头了当时就要引了要生了，就喊到我去的，只有上 10 分钟，我就给她整治了。就是这个讲的搞迷信，就是我们做艺架马要注意这几行，别的不需要注意的。像老板修屋硬是地方凶山恶水，那你还要另外扎一个座山马子，那不是你找的这些帮忙的工人哪个出问题了，老板难得负责任。

问：马子上面也要画字讳？

答：也要画字讳。

问：你刚才讲到这个屋脊，修吊脚楼这边一般都是修的横屋，他这个有什么讲究？

答：他一般都没有什么讲究，都是根据这个地方来，能够修吊脚楼也可以，做吊脚楼的这个方向，要根据老板的生庚八字，打个比方，像老板是一个火命，那你就不能坐北方上，北方是水方，

① 跶：方言，指摔跤。

水是克火的，你坐那个方向就永远不会顺，要根据五行相克。

问：与那个地势有没有关系？

答：与地势也有关系。他一般都是根据山势修的。

问：我发现在咸丰，他们很多房子都是顺山而修的，他的主屋是和山势是平行的。这边的房子都是横山垂直的。

答：吊脚楼它就不存在，吊脚楼是先修横屋，再修正屋有些。

问：有的他没有正屋，就是有一间直接吊在那里。

答：他修了那间，可以代表正屋了，那就没计划修正屋了。我们这边修横屋，他不讲梁子①，修正屋讲。

问：这种修的话就随便修？

答：这种话随便修修，修正屋的话就要讲风水了。

问：其实这个一个是根据地势，二个就是根据老板，主要就是根据这两个？

答：主要就是根据地势和老板的。

问：修横屋的话他没有梁子，那要不要择期了？

答：那要择期。

问：那还不是要讲究？

答：那这择期立屋的日子还是要讲究。

问：那有没有梁额？

答：横屋有梁木，做梁木还是要做，但是农村大部分修两层的还是没有做了，他是满了，就不需要梁木了。

问：那以前呢？有没有上梁那些仪式？那他还是属于和正屋一样？

答：修横屋上梁木之后他过几年又修正屋照样还是要搞。再就是有一些他要做一个吞口，吞口就是缩一步不进来，就是大门前面

---

① 梁子：方言，指梁木。

缩一步的。第一，吞口他要讲前山，或者是讲前山凶恶了，他要做一个吞口，他要吞凶山恶水的，它叫做一个吞口。第二，吞口上面有一个梁木，这个梁木他一般都不做，母亲过了，父亲还在，就做那个梁木，他叫看梁，叫陪梁，父母都在，就没得哪个里做这个梁木，父亲还在，母亲过了，就做那个梁木，叫看梁，叫陪梁。

问：就是主梁下面的那个？

答：下面那个堂屋前头，靠檐脚顶下面的那个柱头，上面还扩得有跟梁木。吞口上面也有一根梁木。

问：我们先就是说那个上面怎么那个吞口上面写的福禄寿喜，那个原来就是梁木。你们做的这边吊脚这一块，我们刚才说的这个横屋，您儿这边叫做什么屋？

答：叫厢房，修正屋的话叫厢房，没修正屋的话没得哪个叫厢房。

问：叫么子？

答：叫横屋。

问：假若他再修一个正屋的话，他这个水怎么处理，有没有伞把柱？

答：不需要伞把柱，但是它搁沟，正屋和横屋要把它合成一面水，它有一个转角，叫转眼儿，横屋和正屋一天立的我们都做过。

问：它有没有上下的尺寸？

答：它就是这个水，它就自然的，正屋和横屋水面规定的话，它就自然的形成了一道沟了，一条沟也行，硬是讲这条沟长了，一条沟的水跑不赢，可以成两条沟。

问：有时候正屋高一些，有些地方他就做成一个偏偏儿。

答：做成一个偏偏儿，他留了一个猫眼。

问：这个叫么子？

**答**：正屋高一些的话，他只合得到半节水，山头上面就有一个猫眼。正屋的脊檩上面还扩几根短的柱头，那里要留一个猫眼，要没有这个猫眼的话，它受不起。它承不起瓦。

**问**：转角的话你一般是做马屁股还是?

**答**：我一般的都是像大部分能够合得平的话都扯平了，没扯平的就留猫眼，后面转屁股也叫骡子屁股，后面有一个龙背这样一下去。

**问**：有的还是完全各是各的?

**答**：各是各的一般都还少，一般都合龙背的，他合龙背了，将就阶檐的水搞得一致些。转屁股也叫做骡子屁股。我们这边大部分都是骡子屁股，但是有的地方叫做转屁股，跟我们喊开山子一样的，时候就叫斧头一样的，总体来说东西是一个，但是他的名字不同。

**问**：现在修屋的话，用工具是原来的还是有些新的东西?

**答**：工具大部分还是将就原来的，用机械还是用于清枋啊这些可以用电刨搞，像一般的用刨床用不到，柱头是圆的，你这刨床上你不可能用。

**问**：我现在看你正在修的村委会的那个楼，那个柱头是现在的柱头还是曾经的?

**答**：修的那个村委会，清一色的新的柱头。

**问**：现在在哪里找这么大的柱头?

**答**：当时张书记的要求柱头有三尺多大的，他的要求是所有的柱头必须一致，有几根柱头细点，我们就依细的，全村每个老百姓凑得两根。他喊我去了之后，就说材料尽我用，赶好的用，但是柱头必须一致。

**问**：那些柱头还是有一些讲究吧? 中柱要相对于粗一点?

金瓜雕刻
湖北 宣恩长潭河
金晖 / 摄

**答**：那都不，那都是一致的、一样的。他那个柱头都是一样的大的，它那个柱头都是五寸二的过心，就是直径五寸二。他那个屋就是材料很好了。

**问**：他那个柱头都是把它锄 ① 了带方的，很多原来的柱子都是做的圆的。

**答**：它不带方。装屋的时候靠边边儿的那个枋叫挖扦，挖扦了它那个扦口它要是圆的话，一锤它要过，它平整点就不容易过边，它边边（做）过了就是我们农村里讲的丑哈，就是不漂亮。

**问**：我在彭家寨看见有一间他们修的屋，他的中柱和他的筋柱要粗一些。

**答**：那个它粗了就丑了。打比方有一个人，一个高子和一个矮子走在一路，还是不相配吧，就是这个意思，基本上要一致，那个柱子师傅要求得严格，多几个活路无所谓。

**问**：过去修（屋）有没有这个讲究？

---

① 锄：方言，用工具刨或推等。

110

**答**：大部分老板要求都要搞一致，但是他如果没有材料，大点的就让它大点。我们做屋就一般与他们的要求不同，但是我做屋在长潭河乡来讲，你说比他们一般木工都做得多一些，我做了几百支木房子，我们做就是最前面那个柱头要大，为什么？最前面有一个大挑，小很了它就承受不起前面的瓦。

**问**：就是前面的亮柱大些？

**答**：亮柱都不大，就是前面的檐柱大一些。中柱小一点，它那个枋在里面，无所谓，它把它抬起来了。檐柱要大，要直。它不直的话，前面那条线就不美观。

**问**：我从上面下来（七姊妹山）还注意看你们这边（房子），还有挑两根檩子出去的。

**答**：它有两个挑，一个叫子挑，里面的叫子挑，外面的叫大挑。

**问**：它们是各挑一个檩子？

**答**：顶上面下来两个挑，一个大挑、一个子挑。短的那个叫子挑，长的那个叫大挑。也叫子挑，也叫小挑。像村委会那个我们就是做的两层挑，底下那层是盖底下那层扦子的挑，上面那层是盖上面那层扦子的挑，它说是做的两层。

**问**：这些东西还是根据材料和……？

**答**：根据材料、根据地势、根据老板的要求，我们都是结合到一起的，这个屋不是我一个人能够做得到的，也要靠下手①，下手做这个事情不维护你，你这个屋照样做不好。

**问**：做屋实际上您儿是一个班子，您儿是掌墨？

**答**：基本上我也可以随便喊。

**问**：实际上您儿是掌墨师，实际上您儿是邀一帮人？

---

① 下手：方言，帮忙做助手的人。

**答**：但是我不要我们这边的也行，我在洗马（池）那边做屋，就是在洗马那边喊的下手，确定了之后，你负责哪几项，你分了任务，他就要认真一些。你不分任务，扯到一路，滥竽充数那不行，也是要有一个责任心。

**问**：那你这个枕板有没有什么讲究？

**答**：没得么子讲究。

**问**：那它有的闪① 有的不闪？

**答**：那是讲的楼枕的大小。就是方的楼枕真要比圆的楼枕好一些。

**问**：您儿做窗子的话兴不兴雕花？做窗子的形式您儿现在做哪些？做传统的哪门个做法？

**答**：怎么做都行，老板要求哪门做就怎么做。

**问**：您儿一般做的么样式？

**答**：现在都是做的梭窗这些。老板或者讲，像他们做的那个新农村，做万字格也可以。

**问**：您儿扎哪些样式的格子？

**答**：往年就是叫古漏钱② 。

**问**：除了古漏钱，还有么子？

**答**：也有步步景③ ，他那个窗户的样式比较多。

**问**：步步景是哪样的？

**答**：步步景有点像现在的万字格④ ，但是他不是用枪钉钉的。

**问**：是不是说的烂捡柴⑤ ？

---

① 闪：方言，上下晃动。

② 古漏钱：窗户上雕刻的一种花纹。

③ 步步景：窗户上雕刻的一种花纹。

④ 万字格：窗户上雕刻的一种花纹。

⑤ 烂捡柴：窗户上雕刻的一种花纹。

答：烂捡柴是这么斜一根，这么直一根。

问：烂捡柴也是要一根一根的凑。

答：管他步步景也好，烂捡柴也好，万字格也好，需要画图形，画小样，他不画小样是做不下来的。这个东西管他那个做都必须要有小样。你看现在搞特色民居做这么多，他的小样只有一个，做的是一个样式，它必须有小样，他没有小样他画不下来的。

问：您儿这边有没有这种说法，就是像这种窗花，有没有南瓜窗啊、冬瓜窗啊？

答：原来有，在很早以前做，现在没哪个做这些了，现在都改革了。

问：雕不雕花呢？

答：没哒雕①。

问：我看您儿那边做的那些金瓜，是不是您儿个人雕的？

答：做的那些骑筒那些瓜儿，都是我们个人。

问：个人手工雕的？

答：都是手工雕的。

问：雕金瓜有哪些样式啊？

答：那个样式多，那个随便心里想，想要雕个么子，没得一个名称的。像雕镯子的，柑子、柚子啊，各种各样的都雕，样式多呀，但是多的话要（有）根据，第一是时间，时间安排来讲，要立屋，这几天我的速度要快一点，那我就少雕一点，那如果迟几天立屋我就给他雕乖一点，就是根据时间来的。

问：您儿现在带的，有没有徒弟？

答：个人都是一个徒弟，怎么敢带徒弟？

问：有没有师兄弟？

---

① 没哒雕：方言，有时候做雕刻，大多数时间不雕刻。

答：没得。师兄弟有一个，但是是我们一个侄儿子，他现在没搞木工了，他现在搞的养殖业。

问：您儿侄儿子叫么子名字啊？

答：叫龚光宇。

问：刚刚才在对面碰到一个姓徐的师傅？

答：他修屋也是跟着我嗲嗲学的，但是他修屋不行。他没修几支屋，他修屋错得太多了。他也是跟着我嗲嗲学，但是他是参师，不是拜师。

问：龚光宇您儿的嗲嗲给他么子凭证没得？

答：那没给么子。他给我嗲嗲喊太太（爷爷）的，他也不需要，再一个那个时候我嗲嗲年纪也大了，也没给他么子，但是他现在和我们还行走①。

问：那您儿大概哪年出的师？

答：我没得出师，反正做得来了就跟着他一起做，他您儿硬是做不起了，才没在一路做。他您儿在做的时候，尽管掌墨都是我掌墨，我掌墨我只给跟他您儿学了三个月我就掌了墨。但是我真正掌墨的时候第一支屋他您儿还没去，他您儿在害病，别人把农村讲把日子看起了，帮忙的找起了，没得法了，我就去做的这支屋。

问：那个时候您儿多大年纪？

答：我还只有二十多岁，我就可以单独掌墨了。

问：那第一支屋掌墨呢？

答：第一支屋掌墨二十岁还不到。

问：那还是蛮厉害。

---

① 行走，方言，指往来。

答：那不是厉害。

问：那要脑袋瓜转得过来才能搞。

答：当您儿不敢讲我，那个时候读书我本来还是懋<sup>①</sup>的，长潭乡初中
考高中我考得第一名，我考了我个人不使力，怪不得，我只能
叫我娃儿使力读（书）。

问：您儿几个小娃?

答：一个小娃。

问：是男孩女孩?

答：女孩，湖北大学毕业。

问：现在在哪里上班?

答：(本来) 在一中教书，她不愿意教书，现在在深圳制药公司。

问：那你的手艺要找个人往下传?

答：那不必要了。

问：现在有没有年轻人跟到您儿学?

答：第一，这个手艺苦、累，哪个愿意呢！现在的人只想玩。

问：窗花，您儿们这一带有没得做福禄寿喜的?

答：也有。有也有，但是少，做成这样子的少。

问：您儿做过没?

答：我没做过。但是我看见别人做过。

问：最主要就是您儿雕的古漏钱，还有么子?

答：那个扦子柱柱就是雕的金瓜，就是柿子骑<sup>②</sup>。

问：我们说的金瓜，您儿说的柿子骑。

答：雕是雕金瓜，但是是柿子球上才雕，雕的那个柱头叫柿子骑。

---

① 懋：方言，勤奋努力、成绩好等。

② 柿子骑：吊脚楼中的其中一种，柱头，是骑在横枋上，下端雕有装饰，类似植物结的
瓜果之类，俗称金瓜，其柱头称为柿子骑。

问：也叫吊骑？

答：也叫吊骑，也叫柿子骑。吊骑就是长的，打比方那个短的，升在上头的是柿子骑，吊下来的吊在第一层楼的是吊骑，墩在底下的叫梁柱。顶顶上只有两三尺长那个叫柿子骑，像两河村那个它墩下来了，它就叫亮柱。

问：您儿上梁兴不兴甩粑粑那些？

答：兴了。

问：它有么子讲究呢？

答：我们这边就端一个筛子，筛米的那种的，筛子里面烟呀、酒呀、肉啊、起渣豆腐、糖果啊那些都有。你要把这一门门的讲哦，你要讲归一①哦。

问：您儿帮我讲一讲？

答：讲此粑，说此粑，说此粑有根源；正月就把田来整，二月就把田来耙，三月就把谷子撒，四月农夫把秧插，五月六月薅秧草，七月八月把谷打，粘米拿来煮饭吃，糯米拿去打粑粑。此粑本是艺人造，此粑本是用米打，谷米何日生世上，开天辟地是洪荒，神农之谷散凡中，水淹九州人遭殃，才叫百姓忠无良，从此朝朝中人享，一朝人比一朝强，朝中人们见识广，谷米享受多发样，又煮酒来又熬糖，又结粉来又晒浆，主东迁来初发堂，把米打得白亮亮，南京城里请人匠，白帝城里请匠人，两个匠人一起到，这次粑粑打得成，两个青年力气大，你一下来我一下，打的打，揉的揉，捏的捏，掐的掐，小的小，大的大，圆的圆，瘪的瘪，光的光，麻的麻，做粑郎，打粑匠，做的粑粑不先尝，千秋落成造大厦，手拿粑粑抛栋梁。

---

① 讲归一：方言，讲完。

吊脚楼建筑群
湖北　宣恩长潭河
金晖 / 摄

问：您儿这个口诀是您儿个人想的啊？

答：个人想啊，那你这个没有书的。

问：没有师傅给您传吗？

答：那没得。说哈粑粑的来历啊，那个讲酒，我给你讲哈嘛。讲此酒，此酒讲，说起此酒真悠长，自从盘古把世降，才有天地人三皇，天皇新生十二子，地黄一十一令郎，人皇弟兄共九个，一个更比一个强；神农出世尝百草，轩辕出世鲁班起屋造华堂，药王仙人九丘朗，制造美酒是杜康，美酒甜，美酒香，制造美酒是杜康；杜康造酒千家醉，一开坛就十里香，平日拿酒待客人，今日拿酒点栋梁。一杯酒点上天，造屋不忘鲁班仙，鲁班下凡把屋造，天下人民把身安；二杯酒点下地，地脉农神接脉气，自从今日做屋起，子孙万代都顺遂；三杯酒点梁头，代代儿孙同诸侯，甘罗十二把官做，他在朝中为大局，年纪虽小，保住江山万万秋；四杯酒点梁腰，代代儿孙穿紫袍，今日点了杜康造，华堂落成万年老；五杯酒点梁尾，代代儿孙在朝内，今日点了羊羔美，主东做起地美、人美，万事美；六杯七杯我不点，弟

117

子拿来众人填；八杯九杯贺主东，最后一杯我当先。手拿金杯亮晶晶，杯中美酒表愿请，今日喝了上梁酒，主东家和百事兴。手拿金杯圆又圆，杯中美酒香又甜，上梁齐了下梁卷，荣华富贵万万年。我就讲一个简单的，有时候讲肉呀！有豆腐、有糖，甩一样就要讲一样，一样一样地讲。

问：有没有甩钱的？

答：那没得哦。

问：过去上大门的时候也有讲究？

答：装大门像我们有的时候装，装起了，有些老板他把鞭子拿起来之后，你要帮着掩个门，开个财门。

问：您儿上大门的时候有没有讲究？

答：没得。老板买鞭子了开财门那你要帮他讲几句。黄道吉日喜洋洋，贺与主东造华堂，我今到此无别事，提为主人开财门，上开财门三尺九，荣华富贵代代有，中开财门三尺八，主东家发人也发，下开财门三尺六，代代儿孙中诸侯；四是财门大大开，四面八方都来财，自从今日开过后，主东做起发财、发财、永发财。

问：开财门过去有两个人？

答：有时是有两个人，我在哪里搞木匠都是我一个人，我除了修屋了，我不愿意和别人搞。

问：但是有的人会重请一个，外面有个人来开？

答：本来这是有两个人要对讲的。

问：其实这样是两个人讲的话他有较劲的感觉。搬家，火神有没有讲究？

答：搬家日子也要①。

---

① 要：方言，玩。

问：火种?

答：火种打比你从别的地方搬过来，农村里还要讲个时间，他不光讲日子，他一天的日子有一个最撇① 的时间，但是最撇的日子也有最好的时间，就那个时间就从你的老屋把火弄过来。

问：弄过来也有口诀的?

答：一般都没得好多人讲。

问：搬家是不是一般都是天不亮就要搬?

答：那他分哪门过? 举个简单例子，像今天，今天是癸卯，那就按照农历书上看取么子，他取星宿的，今天是癸卯，但是可以的话他要看二十八宿，好宿星是么的时候吉位。

问：那个三脚架有没有么子?

答：我们这边没有三脚，往年就是火炉一捣，那个火种就播了，就放在三脚那哈，三脚就是主。您在他屋里做客，你就不能把脚撩在三脚上，不能踩别人的三脚。

问：您儿这个火坑有没有讲究? 就是那些石头啊?

答：石头一般就是四块哦，或者用水泥倒的，原来是石头打的，火坑原来讲的宽窄、深度不离六，火炉是六寸深，它不离六的，所以叫火炉，不离六的。或者宽二尺六或者三尺六，或者长二宽三,三尺六。

问：火坑一般在哪一间屋里?

答：我这里刚好有个火坑，就是专门休息的地方。

问：以前是放在哪间屋里的?

答：以前就叫客厅，但是现在没有哪个有火炉了，一般都是挨着灶屋吃饭的那间屋里的。像往年农村里，这间屋前半边是灶屋的

---

① 撇：方言，指差、坏等。

话，那后半边肯定是火炉，或者后面是灶屋，前面是火炉。他为了端（东西）到火炉里来吃饭。

**问**：堂屋正壁这一块有没得神龛？

**答**：香火就是写的天地君亲师位。天地君亲师位就是这是家贤，也叫家神，所以它两边还有对子，叫陪神对。但是一般的农村里都不要安家神，为什么不要安呢？家神安起是不好的。家神天地君亲师位大不顶天，地不扎侧，君不开口，亲不闭目，师不当撇，位不离人。你哪一个字写错了，都不顺头① 的，他还讲这个。二先生在的时候安的家神，没有一家顺头的，他为什么呢？他把陪神对上面多写了一个天，三天没得两天好，所以这就是句简单例子。只能写两个天不能写三个天，所以一般都不要安家神。农村里这些东西今后都不能失传，失传了。土家族、苗族，像我们侗族这些地方（都比较讲究这个）。

**问**：排扇架画的那些记号有么子讲究啊？

**答**：我没画记号。写字，我原来写的是鲁班字，我们现在没搞这个，我写的硬字②，所有帮忙的人哪个都认得到，打个比方，我刚才讲要排哪根柱头，他帮忙的都可以直接去搬，不需要我到场。写的字帮忙的人都认得到，我就可以轻松、简单，我原来都写的鲁班字，写鲁班字就只有我一个人认得到，都认不到，么子都要我一个人到场，写硬字我就不需要到场，我今天不去，我都可以。

**问**：这个每一个都是不一样的？

**答**：每个都是不一样，每一扇必须要不一样，他是一样就不行，他有一个前后之分，每一根柱头，每一匹枋都不一样，但是从近

---

① 顺头：方言，指顺利。

② 硬字：方言，指汉字或英文字母。

十年来我都是写的硬字，没有写鲁班字。因为我的事情太多，我一年四季帮忙都不少，所以有时候我不到场他们也可以搞。

问：那你写的其他的掌墨师能够看得懂吗？

答：看不懂，那是各是各的。我在这个上面黄天、龙马去修，那里木匠太多了，硬是全部都是木匠；我在那里去修，我就不写鲁班字，我就写英语，因为我学过英语的，我就写 a、b、c、d、e……但是我记得到他就记不到，我就狠得到他，你到那个廊场①，你就必须把这些，就是我们农村讲的，你不能掉底子。到我们附近就不存在了，到远的地方搞法就不同；我去年子到洗马，我搞法就不同，因为你到远廊场，你初次去，你不突出一点你就不行，这附近根本不用这么搞。

问：屋做好了之后，师傅要出门有没有什么讲究？

答：师傅要出门了，老板就送一下你，他送你的意思就是要讨几句封赠，看你给他封赠个什么话，好啊、撇啊。一般的农村有一句歌络句要讲，意思是封赠他要发财。

问：歌络句是怎么讲的？

答：那个没讲几句，华堂落成，万事如意，家庭和睦，事事顺心，永远发达，万得富贵。

问：你现在接一桩活路的话，怎么给你开工资？

答：按天数，一般一百二十块钱一天，老板供吃。我们都是搞一样的，为什么要搞一样的？你搞一样的，第一你搞下手②的他心情舒畅，重活路还是主要他们搞，他给你使力；再一个你和他搞一样的，他对你负责，对我负责，对老板也负责。

问：掌墨师一个主要是招呼现场，画墨？

---

① 廊场：方言，指地方。

② 搞下手：方言，在手底下做事，下属。

答：我做也做，还是一样的做，并且所有搞下手都还搞不彻① 我。

问：做一支木房子大概要多少钱？

答：看你做的大小。

问：现在一般做多大？

答：像我们做的工资一般都要一万。

问：你们一般是包含几个人？

答：看老板的，看今天开始，要好久立。日子长，我可以少几个人，日子短，我叫多几个人，我才做得出来。因为我不能给他活路搞多了，我们农村来讲这个工价虽然讲不高，但是要拿一个钱出来很难，你不能给别人过于把活路搞得多。你搞多了他花好多钱咯，他感觉吃亏。

问：您儿在这里修这支房子，在其他的地方可不可以同时掌墨？

答：我最高纪录可以同时进行四支。我这家画归一了，我可以到那家去画，他们搞下手的就在这里做。

问：那不就是批量生产？

答：呵呵，是的。不然赚不到钱。

问：是的，可以节约时间，缩短工期。

答：对头。

问：您儿还有什么可以补充的？

答：没有了，我讲得够多的了。

问：那好，我们就不聊了。谢谢您儿！

---

① 搞不彻：方言，指搞不赢。

# 第六章

## 能工巧匠置家业

木工工具　金晖／摄

　　杨柳池在恩施州有两处，一处是巴东县的杨柳池，另一处就是宣恩县的杨柳池。说来惭愧，我只知道巴东的杨柳池，不知道宣恩也有一处，到了长潭河乡镇听人介绍才知道。杨柳池属于长潭河侗族乡的一个行政村，武陵山脉的尾部从东南的椿木营向西北延伸，龙潭河穿峡谷而过，东边是七姊妹山国家级自然保护区，西边有洞坪电站及武当古寺庙。杨柳池位于龙潭河畔的下台河，在地理位置上与建始县的官店、恩施市的红土、石窑等地接壤，在民俗上有很多相似的地方，特别是在地方方言和"唱腔"都属于"高山腔"等类型，而且在清代"改土归流"以前属于东乡土司管辖，其历史上是土司自治地方，历史与民俗文化值得进一步研究。

　　杨柳池的机耕路是黄土路，加上载重的农用车辗压，土路上沟壑交错，小车更难行走，向前走又危险，向后退小车又不能调头，此时心里只想到后悔，太冲动了不该来，但是看见山上一栋栋吊脚楼的诱惑下，我们也只好麻起胆子往上冲了。

山上吊脚楼较多，也比较集中，在拍照收集资料时我们碰巧遇到了夏国锋师傅，他热情地给我们介绍一些民俗及木工技艺方面的知识，我们决定到他家去做客。

夏师傅的家在村政府上方不远的地方，单家独院，其建筑布局与其他地方的不一样，其他的建筑是与山平行一致，大门面朝前方，而他的房屋建筑与山垂直成九十度的角，大门面向左前方，这是与其他建筑不一样的地方。这种房屋建筑在长潭河比较多见，都是根据环境来决定怎样修建，如果地势宽敞，就不存在地基不够用的问题，建筑可以随便修；如果地势不平坦，修建房屋时就得考虑地势问题，民间的老百姓非常智慧，他们把房屋打横与山体垂直，既解决房屋的地基不足问题，又利用地势不平解决了空间问题，一层吊脚后与地面平行，吊脚的这一层喂家禽和牲口以及堆杂物，二层住人。

夏师傅很会理家，因为自己是木匠和铁匠的缘故，房屋是自己亲自修建，板壁、门窗包括家具、农具都是利用农闲时间做的。从他的交谈中可以看出他善于研究，不仅对上梁仪式等一系列流程非常清楚和熟悉，而且在技术上也有独特的地方。譬如说他做的碗柜，其碗柜的门有暗栓，不知道的人是不能打开碗柜的，眼见为实，我们看后都很惊奇。还有风车、背篓等等都是他亲自制作的。民间有"师傅领进门，修行在个人"的俗话，夏师傅从小学艺，利用技术不仅为他人服务，而且还给自己置办家业，为创造理想生活增添了许多乐趣。

夏国锋
湖北 宣恩长潭河
金晖 / 摄

**传承技艺：** 木工技艺

**访谈艺人：** 夏国锋

**访谈时间：** 2013 年 12 月 5 日

**访谈地点：** 湖北省恩施州宣恩县杨柳池村三组 5 号

**访谈人员：** 金　晖　石庆秘　黄　莉　冯家锐

**艺人简介：**

　　夏国锋，男，土家族，1948 年 11 月出生，小学文化程度，湖北省恩施州宣恩县杨柳池村人。16 岁跟随刘廷峰师傅学习木工、打铁等技艺。

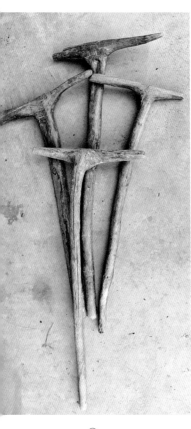

打杵②
湖北 宣恩长潭河
金晖 / 摄

问：您儿是么民族啊？

答：土家族。

问：您儿好大年纪啊？

答：65 岁了。

问：您儿是么子文化程度？

答：我是小学文化程度。

问：您儿原先跟到哪个学的这个啊？

答：我下学了跟到刘廷峰，他已经走了，打铁这些都是跟到他学的。

问：您儿是好大年纪的时候跟到他学的？

答：我 16 岁啊。16 岁就打大铁啊，那个时候个子高。我那个时候没得哈数①，那个时候搞集体，搞副业。

问：您儿打铁打了好多年？

答：打铁我现在都在打铁啊，我徒弟都有 12 个。

问：铁匠徒弟 12 个？

答：铁匠、木匠都搞得。

问：您儿说哈您儿 12 个徒弟的名字啊，现在在的有哪几个啊？

答：刘庆州，他年轻些，是个好师傅。夏朝全、夏书海、刘国商、刘国兴、刘国庆。我带徒弟不要拜师、谢师，你搞得到好多钱你就搞。打得铁了你就打铁，就收点钱做啊。

问：您跟他有没有相关的仪式也？

答：把套家业啊？

问：您儿不需要他来感谢您儿？

---

① 没得哈数：方言，指不知深浅、不懂事等。

② 打杵：一种背东西，休息时用于撑在背篓下方的木棍。

128

夏国锋的家
湖北 宣恩长潭河
金晖 / 摄

**答**：那都是往常的一些旧思想。

**问**：您儿出师的时候，您儿的师傅给您儿把的些么子东西？

**答**：我们那个时候搞的大集体，给我置了套家业。

**问**：拜师的时候有没有拜师仪式？

**答**：我跟到我师傅这么多年，他去年才死，这么多年拜年每年一个猪蹄子，那个时候木匠要祭鲁班，搞了只鸡公啊，一年给了一只鸡公。

**问**：您儿师傅去世的时候好大年纪啊？

**答**：72 岁。

**问**：您儿师傅跟到哪个学的？

**答**：我师傅跟到唐方远。

**问**：您儿做屋有些么子讲究啊？

**答**：我造房只要有材料，其他的那些么的都不兴。

**问**：您儿师傅教给您儿讲不讲这些？

**答**：那也没得么子。

问：有没有上梁词？

答：那有。

问：你给我们说哈上梁词？

答：要从砍树起，东边一朵祥云起，西边二朵紫云开，祥云起，紫云开，老板差我砍树来，一砍天长地久，二砍地久天长，三砍荣华富贵，四砍金银满堂，砍梁木大吉大祥。

问：这个搞完就是？

答：那就是上梁树。

问：是不是还有开梁口？

答：那就要把拜梁了再开梁口。

问：拜梁的您儿记不记得到？

答：把梁树做起了就放在堂屋里，一条黄龙困中堂，不是黄龙是栋梁，栋梁栋梁生在何处，长在何方？这就是上词，下词就要讲，生在青岩上，长在九龙头上，头头拿来修金銮宝殿，儿头修来

风车
湖北 宣恩长潭河
金晖 / 摄

130

做帅府衙门，三头不长不短，老板正好拿来做栋梁。

问：这就是拜梁仪式？

答：这就是拜梁，老板也要拜梁。

问：要搞红包？

答：红包是搞好了的，还有糖果啊、粑粑啊，这些东西装到就开始上梁啊。老板拜梁就是一拜天长地久啊，二拜地久天长啊，三拜荣华富贵。拜了之后就是开梁口，开梁口还有几句话，走忙忙，走忙忙，凿子斧头拿在手，主动请来开梁口，梁口开起三分三，代代儿孙做高官；梁口开起三分八，开得家发人也发，说开梁口先开工，主事做起百事丰。下手就要讲，你开东来我开西，代代儿孙穿朝衣。

问：开梁口了就是上梁？

答：哎，就是上梁。两根中柱左右边立，青年才俊上屋脊，天上掉下一个玉带来，掉下玉带软绵绵，拿到黄龙背上缠，左缠三转生弟子，右缠三转中状元，再就开始上梁了。

问：扯上去之后还有没有说的？

答：还要甩粑粑，还要上梯子。上一步，一揽永远；上二步，步步高升；上三步，三星高照；上四步，四平八稳；上五步，五子登科；上六步，六亲贵贾；上七步，七篇文章；上八步，八面光明；上九步，云凌九霄；上十步，步步当状元啊。鹞子翻身上梁口，手抓一二三穿，代代儿孙做高官，鹞子翻身坐梁头，然后就上去了。

问：师傅这样就上去了，然后就是抛粑粑？

答：还要讲粑粑，还要赞粑粑，赞糖果啊，还要吃肉、喝酒啊。

问：您儿这些口诀是您儿师傅给您儿教的，还是？

答：师傅教了一些，后面文化馆在书上编了，那个上面学了一些，师傅原来上梁的时候记了一些。

问：支木马有么子讲究啊？

答：支木马没得么子讲究，就是合枋子① 有讲究。

问：合枋子有么子讲究啊？

答：要看老板的啊，看木马哪门摆啊，木马有三只脚。

问：这是么子讲究也？

答：支木马一般是在堂屋里。

问：您儿修屋的话高度有没有么子讲究啊？

答：按照农村里的习惯不离八，板子有好高尾数都有八，都离不开一个八，八分、八寸，要得发、不离八，从古到今就是这个传说。

问：柱子与柱子之间的退步的话，您儿一般做的有好宽？

答：我们一般做的二尺五，都是对角水。

问：哪门叫对角水啊？

答：二尺五的就是一尺二寸半，这个圆柱上去一步，就要高一尺二寸半。

问：水是几分水？

答：那就是五分水，两尺五，五五二十五；还有一个五寸，五五二十五，五五二寸半。

问：五分水就刚好矮一尺二寸半。那如果做五分五？

答：那就高一些了。五分五陡很了，盖不住瓦，过去木匠搞的六分水。

问：您儿师傅给您儿讲的几分水？

答：那个分的，四分半的也有。你像正屋过沟就是四分水，两边要

---

① 合枋子：方言，指做棺材、做寿枋。

腰门
湖北 宣恩长潭河
金晖 / 摄

扩得到檩子。老板找你了你就给老板绘个图，老板就懂了。你像这个挑要好长，从圆柱上下来好多，都要五分水，挑出来三尺，你要就要垛下来一寸五。你还有个道理，这个挑还有一个翘度，你把这个翘度也要加进去，你才能对到这个檩子。

问：楼枕的话，第一层一般放好高？

答：楼枕分两堂，修一堂的话高一些，修两堂的有两丈三寸八的。一般都是第一层八尺高。第二层矮点，但是挑要过得去身啊，挑要穿楼斗过去，不能和它争眼，它有一个计算。

问：就是基本的哈数，就是一层楼的高度一般就是八尺多？

答：一般都是。

问：您儿这个是三间正屋，连个扇头的扇架与中间的有没有差别？

答：有差别，这个檩子细一些，你不悬殊这个差别两头就耷了，檩子没得兜兜粗啊。

问：檩子可不可以两头做得一样粗？

答：没得这样的材料啊。

问：升的话一般升好高？

答：两寸半到三寸。

问：实际上就是两个扇头做起了上面不是平的，两头要稍微高点？

答：要高点，好看些，有翘的感觉。

问：它就不是靠屋脊堆瓦来形成的翘，屋脊堆瓦的时候也要形成翘，两头可能要多堆几匹瓦？

答：那不要的。你像这个挑，檐口都要翘点，你和上面中柱下来的，挑不翘点就像跌家伙。

问：这个是不是与水流下来也有关系？

答：沟水长些，流得远点。

问：这个不单纯是好看？

答：也好看，还有科学道理。一是水流下来有惯性，他就不得直接流在这里，不然水就会倒卷下去。

问：穿枋一般是几道？

答：这个要分你划不划穿，你像你有十九个头就要有五台穿枋？

问：十一个头的？

答：六台。除开中柱每个水脑壳头上要穿一个穿枋，多一台在哪里呢，一穿嘛。这个就要分穿不穿到后檐去，穿到后檐去你可以插两根，当中这个地方就要悬起来，上下抖你就可以划一台。

问：一般都要三根两个空？

答：对。

问：做门的话有么子讲究？

答：做门过去的讲法有个公式，是师傅传的。

问：原来师傅都有五尺？

答：现在都不用五尺，用卷尺。

问：原来有没有这个？

答：有。我师傅那都有，那并且还是桃子树的。

问：他有没有传给您儿?

答：没有。以前还要把五尺墩到隘口上压席，我跟到现在只要细心都不得失策①。

问：和过去山大有没有关系?

答：讲是这么讲的额，没搞过。我没见过那些神话的东西。

问：做门的话有没有门规尺?

答：有。

问：现在有没得?

答：门规尺有句歌络句。生、死、病、婚、帖。做大门有一个财、病、利、义、官、杰、黑、本，这些都是繁体字，官就是做官的官，本就是本事的本。

问：本是么子意思?

答：就是有本事。财就是财源滚滚的财。

问：门窗有没有固定的规格啊?

答：门窗过去没搞过。

问：门窗的大小就是自己定的?

答：哎。最多就是做到九个钱。

问：做窗子之前是不是也要画小样啊?

答：不要的。

问：门的尺寸呢?

答：就是你在上面选字。

问：两个字之间的距离是好多?

答：一寸儿，你就跟到这几个字跑，就看几十

骑柱
湖北 宣恩长潭河
金晖 / 摄

---

① 失策：方言，指失误。

个字。

问：要不要用尺量？

答：那不要量的。就是到这里了是个什么字，你觉得这个字好就这个字，你要做财门就搞到财字，它的高矮也就根据这个，它的高矮就是一尺二，宽度就要按一尺二算。这几个字你看选哪个字好，一般是黑字不要，病字不要，那些都好。

问：那如果是修庙呢？

答：修庙的规矩就找不到了。你像这个大门和神壁还是有点悬殊①的，大门要窄一点，神壁的这个空隙，包柱一安，就有悬殊。

问：这个有么的讲究啊？

答：找不到啊。

问：等于就是后面的神壁要宽一点？

答：对对。而且后面的板壁不能倒。

问：么子不能倒啊？

答：木材要顺头，才顺头啊。其他大料包柱要顺，大料一顺，小料不论，没得哪个安倒的。小料就是座椅板凳啊。

问：你是不是也打床啊？

答：打啊。

问：打床有么讲究也？

答：打床说不离半啊，要不离九。

问：这边有不有人打三滴水的床？

答：现在少了，以前有。

问：您儿给您儿姑娘打陪嫁有么讲究？

答：打陪嫁没得么子讲究，陪嫁就是根据房子的高矮啊，打高了放

---

① 悬殊：差距。

大水井李盖五庄园
湖北 利川柏杨
金晖 / 摄

不进去。

问：规格是按照?

答：按照房子的，方向方位啊，往哪个方向放，有转角的，有仿
　　古的。

问：在修路的时候这个路不能对到大门口?

答：他们是说有这么个规矩，土建设中堂不好。

问：现在有很多东西越兴盛越没得意思了?

答：现在做装潢的都讲究不了了，我们的角度就是老年人的思想啊，
　　年轻人还是习惯，屋里好多旧家具，往常打的古式衣柜他就瞧
　　不起了。

问：为什么呢?

答：他要组合家具，他要龛镜子，要搞梳妆柜啊。

问：您儿几个小娃?

答：五个。

问：都出去了啊?

答：我四个女孩子啊，小儿子到福建打工去了。

问：您儿做木工的那一套工具还是原来的?

答：那还是原来的。

问：不用现代的电动的?

答：我买了一个手电刨。

问：现在还做不做活路?

答：搞。

问：近期有没有新的活路做啊?

答：现在的房子都是我修的，算得上是仿古的。

问：那生意还蛮好嘛?

答：马马虎虎。

问：您儿还不满足啊?

答：满足啊! 但是还是要吃饭啊!

问：您儿还有没有给我们讲讲技艺上的?

答：我知道的就这么多，已经讲给你们了。

问：那好! 我们就不耽误您儿啦! 谢谢您儿!

# 第七章

## 五尺传承讲规矩

五尺又称鲁班尺，既是木工师傅丈量尺寸的工具，也是木工师傅传承的信物。以前徒弟跟随师傅学艺期满，可以独当一面并具有掌墨的能力，师傅就送一根"五尺"；五尺从某种程度上说相当于今天的毕业文凭。五尺上面有刚好五尺的刻度和画有字讳。主要是木工师傅砍木、伐木度量的工具，同时也是辟邪的器物。五尺取材在深山老林，听不见鸡鸣狗叫的地方生长的桃子树，大家知道，桃子树一般都是弯弯曲曲，很少有生长成材的笔直树干，要寻找到非常合适做"五尺"的材料其难度可想而知，可能就是这种难度强化了"五尺"的神秘性和敬畏心理。

碰巧黎德兴和余世安两位师傅刚好就在恩施市盛家坝街上，在黎师傅新修的房间里面我们进行了采访。他们二人在交谈中告诉我们在建造木结构房屋有很多规矩，房屋的朝向有讲究，房间的大小、尺寸都要取吉利数字，而且师徒之间的传承也有规矩，民间曾经学艺的礼性① 较大，徒弟要帮师傅做三年的工，师傅只包吃包住，没有工钱。特别是木工师傅学徒期满出师的"过职"仪式，采用"茅山传法"的形式把师傅的衣钵传递给徒弟，程序比较讲究，师徒及亲朋先在堂屋神龛前举行跪拜礼仪式，徒弟送上新衣服、鞋袜等礼物，师傅回赠红包，表示同意传给徒弟了，然后师徒二人到房屋后面僻静的茅草坡开始传法，烧香、磕头，师傅口中念念有词请祖师爷，并且把手中端的一碗饭吃了一口，最后把剩余的饭交给徒弟并全部吃完，做完这一流程，徒弟才算正式出师，可以独自闯荡江湖，自谋生路了。

---

① 礼性：方言，指礼节、礼物等比较讲究的意思。

黎德兴
湖北　恩施盛家坝
金晖／摄

**传承技艺：**木工技艺

**访谈艺人：**黎德兴　余世安

**访谈时间：**2013 年 12 月 10 日

**访谈地点：**湖北省恩施州恩施市盛家坝新街

**访谈人员：**金　晖　商守善　石庆秘　黄　莉　冯家锐

**艺人简介：**

　　黎德兴，男，土家族，1965 年 3 月出生，初中文化程度，湖北省恩施州恩施市盛家坝乡戴家山人。

　　余世安，男，土家族，1970 年 5 月出生，小学文化程度，湖北省恩施州恩施市盛家坝乡戴家山人。1984 年跟随黄安余师傅学习木工技艺。

盛家坝乡政府吊脚楼
湖北 恩施盛家坝
金晖 / 摄

**问**：开间的柱子，就是每间房的宽度是多少，是怎么定的?

**答**：开间就是我们这边讲的堂屋，堂屋这一间，有一丈四尺八的，有一丈五尺八的，两头的，如果这个是一丈四尺八，那个就是一丈三尺八，或者那个就是一丈四尺八寸，那个就是一丈四尺八分，两头的要小于那个中间的。

**问**：如果是一丈四尺的话，两头是一丈多少?

**答**：也可以搞一丈四尺八分，那个就是八尺寸，那个就是八分；也可以做一丈三尺八。

**问**：那如果是一丈五尺八的呢?

**答**：一丈五尺八的可以做一丈四尺八。

**问**：也就是说他这个跟堂屋的这个开间没有关系，就是说基本上用这几个尺寸就可以了。比如说我是一丈四尺八寸的，我两头的房间也可以做一丈四尺八分的。也可以做一丈三尺八分。

木工工具·五尺
金晖/摄

**答**：哎。八尺八分，八寸八分也行。

**问**：八就是那个要得发，不离八。上次说的牲畜住的不离六，六畜兴旺，然后人住的不离八。

**答**：像么子猪圈牛圈不离六，六畜兴旺，要得发不离八。像我们农村讲那个礼，堂屋里前面一块枋，后面一块枋，它这个都有讲究。就是前面这块枋不能跟后面那块枋挡到，在同一个位置的话，前面一块枋要高八分。本来按原先说的，老规矩就是一根料改下来，就是前后一块，枋都是一样宽。但是前头一块枋要高八分，比家神那块枋要高八分。

**问**：是说的灯笼枋还是神壁？

**答**：神壁和大门枋。大门枋比神壁枋高八分。

**问**：为什么要高八分呢？

**答**：这就是我们说的他这个向山不能跟里头挡到。

**问**：什么是向山？

**答**：我们农村里做房子就是以这个家神装个板壁为主。

**问**：向山就是不能挡神壁。之前不是说到房屋要请那个阴阳先生看那个方位吗？那个风水的话，像那个方向有什么讲究？朝向或者什么的？一般是怎么看？

**答**：也就是说他那个就是按的那个方向属于在哪方是吉，哪方是利。按他那几个字来定那个位置。他有些在东北空，有些在西北空。有些在正西方，在农村就是硬是正东方的房子呢，很少有人像那么做。

**问**：为什么呢？

**答**：他属于子午向，就是我们经常说的天安门就是正子午向。

问：那个是皇帝用的?

答：就是按传统说法一般农村的那些法术了，老百姓就是命小了，不当作数。

问：因为传统就是说坐北朝南，你们还是要看吉向来定的，不是说全部都是坐北朝南。那为什么是把屋架做好了之后再看方位啊?

答：啊不。做屋架的与木匠、风水先生是专门的一个。

问：在看地基的时候就请风水先生先看。把方位看好以后立中柱。

答：你在看好以后立屋，你这个屋的堂屋最终要对到哪个方向。木匠与看地是个这个。木匠等风水先生把屋看好了，地基挖出来平整好了，木匠才架大马。风水先生把那个前后定个点，就是把我们讲的神壁的前后那个枋要依到那个中线，就要合到那个线。准确的方位就是按他那个。

问：像现在这边做那个木房子的人多不多?

答：现在还在做嘛。就是掌墨师不多，一般就是下头打下手的木匠

采访黎德兴
湖北　恩施盛家坝
金晖 / 摄

还是找得到。

问：不是，我是说现在住的人？

答：多。

问：那他们那个现在做木房子的话，木房子用的年限一般是多久？

答：最长的啊。就是到我们这里都有两百多年、三百年的房子。

问：他中间那个房子，因为之前问的他们说主要木房子最大的问题就是漏雨腐烂，木头腐烂的这个问题。那那个房子还有没有其他方面的问题？就是如果建木房子的话。

答：木房子就是只要他有人住起，像我们这个火有烟子熏到，他就不会变质。那个漏就是在漏就不能住哈。那肯定每年像我们农村的每年或两年要捡一次瓦。

问：木房子就是要经常住，经常整修才不会坏。柱子一般选多粗的？

答：按往常讲的七八的柱子，七寸、八寸。

问：像七寸、八寸的柱子，一般是树，一般长多少年的树？

答：那一般起码都是在三十几年以上。

问：那像这样有人要建房子的话，那如果把三十年的树挖了，不是要种树吗？

答：像我们这里本来就是山大，想往回的木材就是便宜，你采哒就还有，在山上再生长哈。

问：像这样一间房的话，他的柱子大概要多少木料？

答：讲根树，这个就说不到了。你像这个树，他如果是特别高的话，你可以割两根。

问：比如说是五柱四？

答：那个就不一定讲根，就讲不到了。

问：那比如说三间房，然后是五柱四的房子的话，他大概要多少材料?

答：你是讲枋数是不是?

问：大概是需要多少根?

答：那五柱四的；五柱四的就是一列九根，四列三十六根。

问：那只是扇架。因为说枋的话我还是没有概念?

答：柱头就是一列九根，四九就是三十六根柱头，再就是八匹枋，二十四匹枋，还有灯笼枋啊，大门枋啊，挂枋啊。就是按往回讲的就是搞得好的话就是每一檩子下头都要搞根挂枋。

问：后头就是隔根檩子搞一根。

答：哎，有隔根檩子搞根的。往回讲的就是有家底的人修的就是满檩满挂，就是这们过①。

问：满檩满挂可能就是柱子稳当些，两边扯起的。结构好些?

答：那好的少。一般的是挂一两条，前后挂的我看到过啊的。前后必须要搞哈。你像做那个柱子，他上头要小一点，下头要大一点，他这个都是有个比例的，我们的木尺，就是一尺长，就大一分。这个是一丈八，就要大一寸八。就是按照他的比例，一尺大一分。他这个是八寸的话，小的这个方向就是七寸四，不是绝对的正方形。

问：那不一定柱子找那么周正的，那有稍微的差异?

答：有。

问：有稍微的差距，但大部分应该是这个尺寸。那木房子里面采光怎么样呢?

答：木房子里面采光就是按农村里面采光都好啊。方位决定好了，前面是一间，后面是一间，前面半间和后面半间都有窗子。

---

① 们过：方言，指就这样。

问：中柱的位置隔了一下，前后各是个的房间。他们盖亮瓦有没有什么讲究？

答：盖亮瓦在楼上去了。

问：盖亮瓦也是根据个人要求想盖哪里就盖哪里？那个与做房子没得关系。

答：他觉得你把楼板一面哒觉得光线不好啊，就可以搞亮瓦盖起。

问：亮瓦是什么？

答：就是玻璃。

问：这边做木房子是纯木头的还是砖木的？

答：纯木头。

问：都是纯木头的。里面都是木板？

答：下头面的是地楼板，上头叫天楼板，天楼地枕。

问：我们上次看到的，就是在那个杨柳池看到的地下铺的那个楼板，他堂屋里都铺啊的？

答：堂屋里恰恰，除了厢房以外，真正的堂屋不能铺楼板。

问：但是他们那边修房子和山是垂直，与山那么修的。

答：特别是湖南那边和我们不一样没，特别是挑啊，他那个板子是镶好啊的，一匹枋一匹枋镶好，按到画。我们硬是找的原始材料，就是弯弯角。我们搞的东西比他们还扎实些。

问：那个天楼板、地楼板，他那个木材的话跟那个也是杉木吗？

答：那个有杂木。密度大的就在下面，越硬的，就是密度大的，在下面。

问：他们现在建木头房子还是把牲口养在下面吗？还是现在有变化啊？不是说牲口养在下面有味道吗？

答：现在就是喂牲口的话，有沼气了，把沼气建在下头，他那个粪经沼气处理了就不臭了。原始的老房子没改修的下头基本上都有牲口。下面有猪圈、牛圈。猪圈在外面，牛圈在里面。

问：那他们现在新建的，就是说有没有说把猪圈就是改到其他地方？

答：新建的都改了。

问：都在旁边建的一间。

答：哎，不在吊脚楼的下头。

问：那新建的吊脚楼下面做什么呢？

答：放杂物嘛。他有的像跟那个猪的精饲料啊就跟它放到下面。他在地下跟猪加工打苞谷啊、机械设备都放到吊脚楼下面。你看像我们先前说的堂屋的农村的那个家神，装这个板壁，按原先的传统就是几根树第一节，跟它砍哒装神壁，第二节就做梁木哒，第三节就做那个两边的枋，第四节就做上下的枋，那就是按传统下来。他那个立枋还要分兜兜儿，兜兜要放在东头，巅巅儿要放在西头。那个枋做起哒是一样宽的，但你首先就要跟它分出来兜兜儿放哪头，兜兜儿在东头。

问：他为什么要这么放也？

答：为了鲁班传下来要顺头，东头为大。假如有两弟兄要这个房子的话，按往常讲的话，大的那个要做东头，兄弟要做西头。像前头要装大门，大门不能比家神大，神壁要比大门大点，我们就是家宽。家宽不要屋宽就是这个道理。大门属于财门嘛，财门就是做门有八个字嘛，也不是你想象要做好大。

问：您儿那八个字是么的？

答：财、病、利、义、官、劫、害、本。这几个字你要用到合适，把财门要用到财字高头。一个字管一寸。我们就按照鲁班尺嘛，那个木尺。

问：您儿有没有门规尺？

答：那个字有，就按照那个字高头分。

问：您儿有五尺没？

答：五尺有。

问：您儿五尺是哪个传给您儿的？

答：师傅哈。

问：您儿师傅叫么的名字？

答：我师傅叫黄安余。

问：您儿是哪年跟到学的？

答：我是八四年落坡修桥我就跟到师傅。

问：您儿跟到师傅学了好长时间，单独一个人出师？

答：就是他跟我给五尺传给我，九六年我自己家里修房子。那个时候我们就是讲师傅给你过职① 就是在修房子的那个晚上，在晚上敬鲁班的时候，他要讲究那个香案，他没修房子不可能随便找个地方给你传哈。就在个人家里修房子，就提起这个事嘛。

问：当时有些么的仪式也？

答：像我们就是给师傅给了一套新衣服、新帽子，从头到脚。他给你的利就是他舀了一碗饭，一碗饭高头烧了点纸，他也请了他的师傅，也就是现在说他通过了他的师傅，跟他烧了香，请问了他，同意传给了他。最后就是讲传法就是在山上去，把那碗饭端到坡上去，把那个香纸烧了要跪到起，他那个传法是茅山传法② ，茅山就是那个时候从鲁班就是那门传下来的就在茅山上。

问：到山上有哪些仪式？

答：山上就是跪到起，师傅在前面站到起，你把那个饭要吃完。但是一般搞得不算多。师傅就是个人要吃一点哈。

---

① 过职：指出师仪式。

② 茅山传法：指木工出师时的一种传递衣钵仪式。

问：烧的纸灰也要吃啊？

答：纸灰另外烧在一边的。

问：纸灰是在山上烧的，还是在屋里烧的？

答：在屋里烧的啊，山上也烧啊的。

问：为什么呢？

答：鲁班都是那门传下来的。

问：饭吃完了之后也？

答：就回来，回来之后师傅就给你一个五尺，斧子、凿子、墨斗那些。放在家神底里，那些工具就放在桌子上的，我给他的一身新衣服也放在桌上。我就把一身新衣服给的他手上，给的他手上，就要跪起接工具。

问：师傅给的五尺是重新做的，还是把他自己的给你啊？

答：他自己重新做的。他那个应该是桃木做的。是桃木做的。按往回讲的那个桃树地方要听不到鸡子叫、狗子叫，没得人烟的地方砍下来的那个桃木。

二官寨火坑
湖北 恩施盛家坝
金晖 / 摄

问：您儿现在收徒弟没？

答：收得有徒弟。

问：您儿收得几个徒弟？

答：有一个。这些年没在一起哒，他在打工嘛。

问：您儿徒弟叫么的名字也？

答：叫李良进。

问：他好大年纪啊？

答：三十几岁可能快到四十几岁哒。

问：他是么子文化程度啊？

答：他可能是初中。

问：跟到您儿学了好长时间啊？

答：跟到学了三四年啊。

问：您儿跟他传了五尺没？

答：那没啊。

问：那当时拜您儿为师的时候有哪些程序也？

答：就是说我们关系都比较好嘛，跟我讲哒嘛，讲哒就找个机会在他家里吃了饭啊，就是通过他老爹有个证人，他的确是就拜我为师，我收他哒，在他家里吃了顿饭举行了仪式。五尺高头都是刻得有字，脚底下打得有箍儿，有个铁嘴嘴儿，那个铁嘴嘴儿就是往常说的踩梁。往回的梁木升上去之后，老板跟那个师傅，就是两个人踩梁从头到脚一身新，两个人跟那个五尺拿起，一个人从这头过去，一个人从那头过来，两个人要从中间走过来。一个掌墨师，一个二师傅，老板就必须跟这个师傅从头到脚一身新。不是一身新衣服，他那个就是梁木上上去比较讲究。

问：他是从东头到西头门走的还是？

答：一个从东头到西头，一个从西头到东头。他有那个五尺杵起才摆得过去。一个从东头，一个从西头，师傅从东头嘛，徒弟从西头，面对面的走。

问：五尺上面要不要绑红布？

答：那是要绑红布。

问：绑红布搞么子也？

答：红布就像包梁要红布啊，五尺红布就要裁一块下来包梁。

问：那原先从哪里裁的下来的？

答：每次修屋上梁老板都要买哈。先弄的五尺高头，敬鲁班的时候就要红布。

问：敬鲁班的时候先把红布缠到这个高头？

答：哎。

问：那扯红布要扯好长也？

答：五尺啊。

问：这个东西实际上我看上面写的是鲁班先师之神位，实际上这个代表了鲁班。

答：带进屋了就好比鲁班师傅就在这里了。

问：所以过去一般砍梁、砍树都要把这个东西带起。

答：敬菩萨高头那个几个字会，用鸡血写那几个字，那就是镇邪的。

问：您儿的师傅还有没有师傅？

答：有。我的师公姓焦，叫焦发友，奶名叫焦银三。

问：您儿师傅跟到他学啊好多年也？

答：他跟到我们师公学还是我老汉儿的介绍，六几年尾嘛大概是，七几年初那么个样子，他也是我师傅个人也修房子嘛，师傅就传他嘛给五尺。

问：他那个五尺是先做的啊？不是他自己的啊？

答：现做的一根新的。

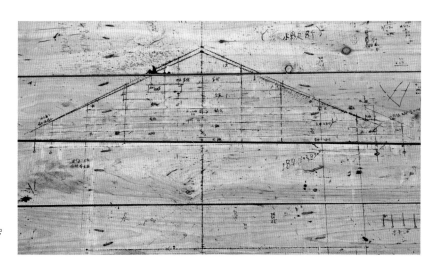

建筑结构图
湖北 宣恩高罗
金晖 / 摄

问：他做那个五尺的时候有没有讲究？

答：他做有讲究啊。

问：您儿晓不晓得这个也？

答：他是打底下那个铁箍箍儿都有讲究。要搞红包钱哦给铁匠。铁匠那个时候管他是送给你，不要钱，你红包钱也还要给他哈。这个你给他也就是图个吉利，他都不得给你讲退给你。做这个尺，比如讲今年要出师的话，你提前给他说了，他还要找个好点的日子来给你做。

问：那个铁箍箍儿的长度粗细有没得规定？

答：有。

问：有好长？

答：就是下头是一寸八长，做进去的不管，就是现在外面的那个一寸八、二寸八都行。

问：那个箍子有没得么子？

答：他那个就是一寸八。

问：就是五尺的外围那个枋？

答：它是正方形。

问：都是一寸哦?

答：嗯。

问：长度是五尺长?

答：哎，五尺。不包括铁，就是木头部分。

问：为什么叫五尺? 五尺为什么只有五尺长? 为什么不做六尺长、
七尺长?

答：好计算，一丈的一半。

问：他这个五尺起么子作用也?

答：实际上就是相当于现在的卷尺。往常打夜工走夜路的时候挂起
它辟邪，都不敢惹他。

问：说个题外话，是不是真有这个功能啊?

答：我们理解这个东西就是比较大胆，拿起走可以壮胆。他那个尺
是那门过也，我老汉儿他打夜工走路他尺啊、烙铁他都背起的，
走路都是赤脚打手的。

问：过去五尺为什么做个尖尖儿，是不是有两个功能，第一个是到
坡上去可以插到地哈?

答：他踩梁木必须要那个尖尖儿，踩到那个树上才稳当。

问：那就是上山的时候也有防御功能?

答：你像在敬鲁班的时候，那个要插得稳，你遇到那个土石硬的下
头没得那个尖尖儿就插不住。

问：下面那个尖尖儿叫什么啊?

答：就是铁打的哈，铁锥。走夜路你就是不杵起，你就拿起那些妖
魔鬼怪都不敢拢来。

问：他那个时候的主要功能就是插在地上，他从梁上走，他两个
人要转得开，两个人的身子要歪得过去。他两个都可以扶到，

一个从这边，一个从那边，要有个地方撑嘛。您儿读书读到哪里？

问：小学毕业了没？

答：小学没毕业就没读哒。那个时候我们读书说实话也没得条件读书。

问：哪年读的小学啊？

答：晓得是七几年啊，那个时候读书又不管你读不读得到，反正就跟到伙①。

问：您儿做大门有么子讲究额？

答：做大门要属于财门啊，财门按现在这个尺算下来就是第一个字是财，四尺一，就是不能超过四尺一，这就是财。你像那个神壁的那个板壁，神不离七，大门做四尺一的话，那个就起码就要做三尺七。庙不离五，神不离七。财、病、利、义、官、劫、害、本，病不用，利不用。

问：一般庙用五，这个是个么的讲究？

答：神七庙五。庙上用，像我们农村修房子那个柱头就要用一根墨签去画，庙上就要用墨签去捆，不能画，那个眼有好长是用墨签去捆转去的，不是画下来的。

问：为什么要捆也？

答：都是那门传下来的。庙就是我们讲的庙门和农村做的大门就不一样。

问：您儿做门讲不讲究天宽地窄？

答：那也要讲啊。天宽地窄不行，上面要窄点，下面要大点。你天

_____

① 伙：方言，指混。

宽并不好嘛。

问：那是财门啊，大门是天宽地窄啊？

答：大门是一样大。你就是下面不能大于上头，就是上面的墨始终要比下头小点点儿。你就尽管是财门，按现在的说就是小一分都叫小。他就主要是以下头比如说是四尺一的话，这就是财，以这个为准，你上头就是往四尺一里头缩根线都行，始终上头的门都要小一点点儿。天宽地窄，上面为宽，下面为地哈。

问：他们呢有的地方，就是房门是您儿说的这个，上面窄，下面宽？

答：新人房按农村讲的就是新人床的都有讲究的。

问：新人床有么的讲究也？

答：新人床他像这个一根料下来你要配好啊，要顺头啊，要合心啊。

问：顺头的意思是？

答：顺头就是那个这个兜兜儿朝这头，那个兜兜儿朝那头不行。

问：合心是？

答：就是一节料解下来心合心。

问：小料木匠您儿做得不做，打床、打家具这些？

答：我们都做啊。

问：做房门有么的讲究也？

答：房门就是那个后门不能大于就是后面开个门，前面开个门，后面那个门，不能大于前面的那个门。

问：上下有没得么的讲究也？

答：本来上面就不能大。上头的不能大于下头的。那个天宽地窄，你不管是哪个门都要像那么过。

问：现在很多木匠的说法是大门上面要稍微大点。

答：那不，他那个搞反了。我们原先师傅还给我写了那么一本书，就是用皮纸订起哒用毛笔写的。门就是天宽地窄，我们这里讲就是那个庙啊椿不顶天，脚不踏梓。按这个说法就是椿树不能做天楼板，也不能盖椽角。

问：哪门椿树有这些讲究也？

答：一年四季春夏秋冬哈，说起这个就宽得很，你像那个包那个梁都是有规矩哈。包梁木按往常的规矩就是有黄历书①，有墨啊，黄历代表么子，墨又代表么子。他这都是传下来的。黄历书要看哪个年代的黄历，黄历书那年属于火的年不要，黄历要越老的越好，你像前十年二十年的黄历你找，你只最老的找哈。

问：梁木里面包的些么子啊？

答：主要就是五种，笔、墨、纸、砚、黄历。

问：上面画不画太极图阴阳八卦？

答：那个不画。那个上面不是有宝剑嘛，那个尖尖儿。

问：那个是么子意思也？

答：那个就是搞哒好看。

问：写字没？

答：梁木上不写字哈。一般是看梁上写，梁木上写。看梁上写的荣华富贵啊。

问：我们之前看的一家是在房屋里面写的字的。做看梁也有讲究吗？

答：看梁就是一根料上解下来的。

问：哪种情况要做看梁？

答：他那个本来看梁都要做，前面那个大门枋他说那个向山进的不做大门枋，向山远的，大门枋是管财哈，比如像看他这个地形，

①　黄历书：指每年出版发行有年、月、日的小册子。

前头地形比较陡，又隔得比较远，向山远就要做个大门枋。

问：大门枋不是梁哈？

答：那不是的，就是阴阳先生讲的你那个前头向山远哒，不住财，看前头太远哒，看前头那个山太远哒，前头很陡哒，就做大门枋，大门枋就可以比神壁枋高点，他就助财。

问：大门枋就是大门上头的那匹枋哈？

答：嗯。大门下面的那块都比神壁宽些。就是地脚枋一般都比那块枋宽些。有的就是前面的向山不需要做。

问：过去大门槛都做得高。小孩子过大门槛的时候都要翻？

答：有四十公分宽的。

问：他们说那个只能跨不能踩？过去的女同志有没得讲究？

答：过去的女同志不能在大门槛上坐。现在没得哪个讲究了。

问：我们在宣恩问到他们做看梁有个讲究，母亲不在了父亲还在就要做看梁，取谐音看娘。他可能每个地方的风俗不一样嘛。他说佛事都有各是各的。地域性差别肯定是有的。一般像屋做起哒除了上梁之外的还有没的？就是大门做起的还有没仪式啊？

答：大门做起哒，往回还有踩财门啊。要看日子来踩财门，那天钉大门也要讲究日子啊，你讲哪天做起哒日子不好不钉啊。钉哒，老板讲究他看得有日子。你个师傅在里头把们栓起，他在外头说佛事啊。他说好了，说准了他才开。假如他看了日子的，一个月不落日子，你不能给他钉，等到那天了才能给他钉。家神板壁都是那门过。都有日子，那天上，你做起不能上你就不能给他上。

问：门板先做起，看好日子了才能上上去？

答：那个门叫财门，讲究的就是这个嘛。那个家神就是也是几个字在高头给他分出来，那个就是安、利、天、害、贺、福、师、灾几个字，用四个，不用四个。安神也是有个日子的，用这几

二官寨木结构建筑
湖北 恩施盛家坝
金晖 / 摄

个字转，分月大月小那么来推算，算出来在那天了，你就给他
来搞这个板壁。你做起哒没拢那天不能给他上上去。神壁那个
板子是单数，要就是五块，要就是七块，要就是九块，不能用
双数。他一中间那块为正中，最中间那块做榫就做得不同，他
不像那些普通板壁，那些板壁随便哪块做榫都行，中间那块板
子，要做公榫，不能做母榫。

问：什么是公榫啊？

答：凸出来的叫公榫，凹进去的叫母榫。中间的那块板子的正中要
　　对到中墨。

问：实际上就是中墨不能留缝。那这样的话，两边的板子要尽量一
　　样宽的啊？

答：都是一样宽啊。所以这个板子讲究就是这样啊。

问：五块板子是不是都要一样宽也？

答：边边儿上两块就是挨到中间的一样宽，在边上的又要一样宽。

问：对称的都要一样宽？

答：哎，对称的都要一样宽。我们这个传说是么子也？就是这块板子做公榫，你那一家就是男的当家作主，那块板子就比较讲究。

问：神壁好像就是说那个从最上面到最下面有个尺寸的？

答：高矮有尺寸规定的啊。

问：家神有没得规定？

答：家神我说的神七庙五啊。家神的板子要比财门的要大那斗板壁。

问：还有做家神下面不是有个台台儿嘛？

答：你是说烧香的台台儿哈。

问：他一般有两层啊，上面还有一个台台儿啊？

答：上面有快挡板啊。写的祖德流芳几个字。

问：他那个之间好像也有个讲究啊？

答：那个之间就是上头和下头哈，下头那个板子一般在一米三几，他往回是做的神柜，做神柜他下面还有门。我们做了之后就没得哪个做神柜了，但是我们老家那个神柜我们都是看到过啊的。我们还是细娃儿的时候就拆了。

问：小溪现在还有神柜，槽门①里头。做那个神柜有么子讲究也？

答：我们没做过神柜。

问：那香火下头是一米三几，那上头的挡板？

答：那个挡板就同那个家神是一样长哈，他那两个人角角儿要大于家神了哈。就是比如说你家神是三尺七，它皮头（上面）档的那块板子是个梯形哈，最短的那个角同家神是一样的，长边两只角就大出去了。

问：很多堂屋里面做灯笼枋有么子讲究啊？

答：灯笼枋没得讲究。灯笼枋就是造的个型，就是往常挂灯笼，有

---

① 槽门：又称朝门、龙门，是朝向不固定的入口院门，从外形看，开门的一间稍微凹出，形成槽形，故称槽门。

四个钩子，一块枋有两个。一般的堂屋小的就一块枋，大的也就两块枋。他那个高矮就是按屋的高矮来定，那个灯笼枋一般都要做在二穿的上头，不能做在二穿的下头。

问：再就是过去额的时候堂屋楼钭和耳间的楼枕一般不做一样高，有没得这个讲究？

答：堂屋的本来就是两块枋啊，两块枋如果高于两边的楼了哈。你像那个两头的那块枋，比如说五寸的话，他那个六寸，同时在一个位置上重起的。

问：本身堂屋的楼枕枋就比耳间的高一块枋？

答：他的下口，就是耳间的上口，它两块枋是错起的。堂屋的高些。

问：堂屋的两列扇架在做的时候和耳间的两列扇架在高度上有没得悬殊？

答：那个堂屋的扇架在上梁的时候和下斗的时候中柱下来不是垂直的，略微边边儿上要收点。就是一头收四分，一共收八分，一头少四分。

问：既是耳间的高度是不是比堂屋的高？

答：都高啊的哈。

问：高得好多？

答：他那个高不是讲么的规矩，按那个檩子算，那个檩子都在中柱上，都在堂屋那头，檩子过去巅巅小些哒嘛，它那个柱头要长点，水面那头看起来才不得低。他那个高度不是特别的讲究那些。

问：他们有升扇的说法？

答：那就是这个。檩子巅巅小些，兜兜大些就是那门说（这样）。

问：有点就是除开这个檩子哦巅巅兜兜的大小之外，还要往上升点的这样一个说法？

答：就是升的这个檩子也。兜兜假设四寸大，巅巅只有三寸，你就

立扇架
湖北 恩施白果
金晖 / 摄

要加一寸，我们中柱就要另外加八分。

问：那也是指巅巅那里加八分？

答：哎，同样那头都加。同样都是那一条过去的，四个扇子的话，四个柱子都要加。升扇的另外在一边。

问：实际上中柱的步水和其他柱子的步水它要稍微高点，他就是说梁做下来它稍微有点翘的感觉。

答：哎。

问：就是我访问过几个师傅，他就是做那个耳间的外头两列扇架的时候和中堂的两列扇架的时候，就是外头的除了升扇的那个兜兜和巅巅那个差之外，他还有另外高出一点高度，他就是做出来之后，脊稍微有点往上翘。他本来升扇就是往上翘了嘛？但是仅仅只有那个尺寸的话翘不起来嘛？

答：我是做的那个比方哈，并不是升那点点儿哈。你檩子像在那个中间，空大了一压，他就是那三间房子，那中间一闪，那巅巅就要自然的翘起来。你只要那个条子一样高，他比方说上了五米长了，那个中间肯定就软一些哒，中间没得柱子顶，那一上上去中间一压弯，兜兜上不得弯，它大些，它巅巅小些，它那个柱头顶那个位置，它那头一弯，那头就自然翘起哒。

问：檐口肯定是升啊的？

答：那它一条过去都升啊的哈。

问：实际上就是整个屋檐的水不是个平的，它是上头翘点，下头翘点。中间的柱子做起哒是平的，只有屋檐和屋脊是有点点翘。

答：哎，有点点儿翘，最明显的是檐口上。

问：檐口翘有么子讲究也？

答：檐口上不翘的话，始终瓦要往下梭嘛。好盖瓦，往上翘点，它那个瓦往后头平到些的嘛。

问：还有没得别的讲究也？

答：没得。

问：我记得檐口上在上瓦之前，椽口钉了之后就本身钉一根条子？

答：钉那个条子喊得踩檐哈。

问：踩檐就是把檐口抬高了？

答：踩檐本身就是把檐口塞高了。椽角给他连成一个整体，他有些往下头哆点，有些翘点，给他一钉，就相互给他扯平了。

问：檐口还做得一块空檐板。空檐板有的是要做穿的，有的是要穿在椽角上面去。

答：哎。打的眼眼儿斗在高头的。

问：封檐板好多都是钉在上面的？

答：它有榫头。一块一般在一间屋的话，一块有两块做到榫啊的嘛。

问：做神壁是不是也要顺头啊？

答：哎，也要顺头。像那树的兜兜都要放在下面，包括板子都是一样的。

问：装板壁的时候是不是所有的两边的枋是不是都要顺头？

答：两边的都要顺头。只要是站起的枋，都必须要顺头。

问：安木马有么的讲究？第一天进门？

答：那个屋场要做好起啊、安啊。

问：起啊、安啊有么子讲究？

答：像师傅给我们讲的，进屋第一要哪门搞？按他们传给我们的就是像屋里有六畜的、像有孕妇的，要跟他起安嘛。

问：您儿要哪门做也？

答：那个就是用字讳那些哒。

问：字讳您儿画在哪里也？

答：我们就是进屋就在那个阶檐上，在脚上就给他安放哒，在架马的时候，在钉马口的时候，你那天做不做就要把马支起，马口要钉起，在钉马口的时候，就把字讳画了钉在马口上了。

问：就是画啊，还是要搞鸡血？

答：就是有个字，个人写到高头。写到马高头，把马口一钉就钉到那高头了。写就是搞手指头画，不要看得到。分大起大安嘛，大起又不同，小起又不同。

问：大起哪门起也？

答：大起就是用鸡公搞这些哈，小起就是进屋你随便给他安哒哈。

问：应该是先进屋就要安啊，走的时候才起啊。进门就要安，出门就要起。起要哪门起也？

答：都是字讳。

问：那肯定有口诀嘛，您儿念一个？

答：你首先就是像我们讲的要默到师傅，你好比像一来，就和师傅一起坐在那里，师公那些，搬的兵。你好比像你在做事，师傅好像那个过世了，你把他默起的。好像他在显神，你在做事，他都给你招呼起的，要他时刻在照顾你。

问：您儿一般是哪门念的？

答：".起眼观青天，师傅在身边。"就是默起师傅就在那里。起眼观眼
　前，师傅在眼前。再就是字讳，那些口诀啊。念归一了就把马
　钉了啊。起眼就是东起好多啊，西起好多啊，北啊、南啊，安
　五方。

问：农村里过去搬家也是很有讲究的，搬家的话？

答：搬家啊。

问：一般就是半夜的时候就要搬。

答：不等一般就是交接嘛，就是过 12 点，过 12 点就走。往往讲的是
　搬家不打空手，你只要去的人，你拿不起大的，你小的都要拿，
　你不能打空手。你就是帮到那个水平，拿个板凳都行，你空手
　去不行。往回讲的烧火还要找个命好的人，他提前，你还没开
　始搬家的时候，没搬东西时候他提前就把火发起哒，你那些后
　头才去。

上梁
湖北　恩施白果
金晖 / 摄

问：这个是不是叫财火？

答：万年火。

问：就是那个搬家还有么子讲究也？

答：搬家格外没得么子讲究。像那些神啊，提前就要，香啊、火啊，肯定提前就要请。你拢啊那个地方哒，你就要给他安位啊，给他烧点纸啊，就给他安排个地方嘛，他就随着你来了嘛，就是那门个意思。农村的那个家神，不管么的事他都是围到家神在转，都是在那个家神上。

问：他以前盛家坝这里火坑里头有三角？

答：有啊。百分之百哦都有，只要有火坑就有三角。

问：为什么要用那个三角？

答：往回就是那个要烧顶罐哈，放那高头。

问：有没得缩铜钩？

答：缩铜钩现在麻柳河都有啊，他现在又有顶罐，又有三脚，又有火坑。三角就是一家之主，像往回就是讲哪个，在他屋里去踩在三角上，老板就不高兴。

问：他就是说是他的火神嘛，所以首先搬的好像就是搬的个三脚？

答：搬三脚就是烧那个火嘛，搬起去把火发起哒再搬东西去啊。

问：修那个扇架的时候那个进身的话，一般是按照么的修的啊？

答：进身就是按五柱四、六柱四啊。

问：哦。基本上按照这个标准来做？

答：是的。

问：您们还有没有说的？

答：该讲的都讲了。

问：好的。我们就不耽误您们了。谢谢！

# 第八章

椿脊翘檐有科学

彭家寨吊脚楼建筑群
湖北 宣恩沙道沟
金晖 / 摄

　　彭家寨位于宣恩县沙道沟西南部，坐落在武陵山北麓的观音山之下，观音坐莲的右边，东面一条"叉几沟"把寨子分割开来。据传说，彭家寨起源于清末年间，先祖彭怀伞及杨氏夫妇来到这里繁衍生息，开启了彭家寨的发展历程。

　　彭家寨以典型的干栏式吊脚楼建筑，飞檐翘角，展露出建筑的造型之美感而闻名，现在被评为第七批全国重点文物保护单位。由于武陵地区多山，吊脚楼建筑成为栖居的首选。中国古建筑专家、华中科技大学张良皋[①] 教授生前到彭家寨调研，曾挨家挨户上楼勘查吊脚楼的样式，最后证明土家族吊脚楼以"伞把柱"[②] 为特征，以区别于其他民族的吊脚楼建筑。曾赋诗"末了武陵今世缘，贫年策

① 张良皋（1923—2015）：男，湖北汉阳人，中国古建筑专家、华中科技大学教授。1947年毕业于中央大学建筑系（现东南大学建筑学院），获工学学士，华中科技大学建筑系创始人之一。代表著作有《武陵土家》《老房子——土家吊脚楼》《匠学七说》《巴史别观》《中国民族建筑（湖北卷）》等。

② 伞把柱：又称将军柱，是吊脚楼建筑中的一种造型样式，内部特征如伞的结构，支撑的屋面转角平缓，美观。

杖觅桃源，人间幸有彭家寨，楼阁峥嵘住地仙"；从此彭家寨作为湖北省"头号种子选手"的吊脚楼展露在世人面前。

在彭家寨对面的农家乐小憩，巧遇向家群师傅，坐下聊天才知道向师傅是彭家寨有名的木匠，来得早不如来得巧，于是我们立即向他请教了解彭家寨及建筑的一些问题。

彭家寨历史悠久，吊脚楼建筑孕育了很多木工师傅。向师傅就是如此，他有清晰的传承关系，对祖师爷鲁班发明木马工具的传说也清楚，伐木、房屋的柱式、步水尺寸、上梁仪式流程都会做，还跟我们解释了为什么要撬脊翘檐，主要有两点：一是科学地解决了房屋顶部的受力均衡的问题，同时也解决了土瓦盖在屋顶上不至于下滑而掉下来；二是很有智慧地解决了建筑造型的美观问题。一个撬脊翘檐，不可谓是一石二鸟，解决了很多问题，不能不说吊脚楼建筑就是民间艺人的智慧结晶。高手在民间，彭家寨的吊脚楼建筑就可以证明。

彭家寨吊脚楼建筑
湖北 宣恩沙道沟
金晖 / 摄

向家群
湖北 宣恩沙道沟
金晖 / 摄

**传承技艺:** 木工技艺

**访谈艺人:** 向家群

**访谈时间:** 2014 年 1 月 4 日

**访谈地点:** 湖北省恩施州宣恩县沙道沟乡两河口管理区两河村组

**访谈人员:** 金　晖　石庆秘　黄　莉　冯家锐　汤胜华　张　倩

**艺人简介:**

　　向家群,男,土家族,1952 年 10 月出生,小学文化程度,湖北省恩施州宣恩县沙道沟乡两河口管理区两河村人,1968 年跟随向家凤师傅学习木工技艺。

问：我问一下您，我刚刚看到这个柱子有五柱，但是这个柱子上面的骑有的有两个，有的有三个，您这个有什么讲究？您有的有两个、有的有三个有什么讲究？就是那个骑柱。

答：就是那个中间有的摆两个、有的摆三个，那个没有一定的，这是活动的东西。

问：之前我们在其他地方看到这个，他说这个，有的说中间只有一个是对的，他说如果是加的那个叫挑水，但是如果有三个的话，那是怎么弄？

答：这个没有一定，就是只安一个也有，安两个的也有，三个的也有这个，这是活动的东西，不是固定的，这是活动的。

问：怎么确定一个，还是两个，还是三个呢？

答：这个以往都是由主人家安排的，由老板。

问：是根据房屋大小？还是根据房屋安排啊、格局啊？

答：是根据房子的大小。

问：大小啊？

答：嗯。这个是活动的东西，根据地理位置和房屋大小配合的。

问：您今年好大年纪了？

答：62。

问：是土家族、是汉族？

答：土家族。

问：您这里是沙道什么村？

答：沙道两河管理区两河村

问：几组？

答：这里是五组，我是三组的。

问：您是三组？

答：嗯。

彭家寨凉桥
湖北　宣恩沙道沟
金晖 / 摄

问：您是哪年学的艺？

答：六八年。

问：您是跟的哪个师傅啊？

答：师傅死了。

问：叫么子名字？

答：向家凤。

问：哦，是的，那个李馆长说是有向家凤，我们以为在沙道沟街上，住到沙道沟街上？

答：嗯，死了。

问：向家凤好大年纪（去世）？

答：向家凤 80 岁。

问：哪年死的？

彭家寨吊脚楼
湖北 宣恩沙道沟
金晖 / 摄

答：今年。

问：今年啊？那就是 2013 年。几月？

答：正月。

问：哦，那就是 2013 年的正月间。

答：是正月份死的。

问：您是六八年跟他学艺？他是跟哪个学的？

答：他是跟丁继孟。

问：他有多大年纪？

答：丁继孟啊？最大比他大 5 岁。

问：他也是你们这籍<sup>①</sup>的人？

答：他是湖南人。

问：您带的有徒弟没？

答：我带的有几个，他们现在都没做。

问：您徒弟有哪些？

答：没得名气。

问：没得名气，只要您带的有，我们都想了解一下。那您的手艺往
　　下面传了嘛？

答：他们现在没大做。

问：没大做是不？

答：嗯。

问：您现在没有带徒弟啊？

答：没大做，他们现在都在打工，年轻人不愿意做这个；带的有。

问：您带的有几个徒弟？

答：带的有两个啊。都在打工，没做这个。

问：您当时学这个学了多长时间？学这个手艺？

答：这个，就是从开始学到单独做是不？这个只有两三年过程。

问：您出师的时候，师傅给您举行了一些相关的仪式没有？

答：这个现在都没有么的，这都是唯心的东西，没么的用。

问：那你要讲也。我们觉得这个很有意思嘛！

答：现在讲就是唯心的，以往讲的那些。

问：现在也提倡这个，提倡这些。你也有么的话，你师父给你教过
　　了啊。比如祭鲁班啊，那些？

---

① 籍：方言，指地方。

答：这都是迷信的东西。这只能讲这些是一种继承。讲继承，讲么的是修屋啊、这是鲁班发明的啊、祭哈鲁班啊、纪念哈他啊，就是这么个。

问：你修屋要祭鲁班搞么哦?

答：那只是一种配合啊，做菜还要麻辣五味，这些东西。

问：您师傅，就是您拜师的时候，有没有相应的仪式?

答：那还不是就是一些奉承话。

问：有没有要您给他缝衣服啊、磕头啊这些?

答：这些礼节上。

问：嗯，这些礼节有没有?

答：这些礼节从古到今都还不是有这些。礼节还是有。

问：他就给您封赠，说奉承话?

答：现在一般还不是这样。

问：一般哪么说?

答：那就是万事如意啊、心想事成啊，现在就是那么过百做百顺啊。奉承话呢。或者吉祥啊、满意啊，反正都是这么些吉祥话。

问：您出师的时候，师傅会不会给您举行什么仪式? 您要缝套衣服给师傅，师傅要给您传一些东西这些仪式。

答：这些有，但是没有凭证是不。

问：给您搞一套工具，这个还是有?

答：从那里讲起。从那里讲起，从木马讲起。木马为什么做三只脚讲起。

问：木马为什么做三只脚? 为什么要做衣服? 为什么清早抱你那个刨花你要发脾气?

答：讲这么过细啊?

问：您这个要从刨根到底讲起，您肯定要从根源讲起?

答：这个要从开始讲。这个就是鲁班发明啊。

问：那为什么只有三只脚嘛？

答：那他哪么想就哪么搞哦。那么摆起稳当哦，就搞三只脚哦。

问：错哒。我给你讲。木马本来是四只脚，他们那个刨木花，鲁班得爬到木马上看，一爬上去就飞哒，走哒，他妈衣裤都没穿，所以祭鲁班就是这个道理，为什么要一套衣呢。你讲得太片面了。

答：我觉得讲这些都没得意思。

问：这从您这个行业来讲是个很重要的东西，就跟我们教书一样。我们找不到孔老二的话这就教书也没有意义。

答：孔老二主要是发明文字哈。

问：就是您做木匠肯定要涉及鲁班这个事。那鲁班，就跟大家刚才说的那个为什么只有三只脚，那么要您出师的时候非要缝一套衣服。您缝这套衣服根本上还不是给师傅穿的。

答：鲁班发明做房屋，你看那些，我觉得那些么的意思，没得么的意思嘛。

问：您这个是这么个情况？

答：我可以讲它构造，哪么起木房子的构造啊。这些差不多啊。

问：这些是一个方面，我们想了解的就是几个方面的东西。第一个就是，我们是侧重于做技艺这块的，那也就是说您的木工技艺，就是这种传承关系，为什么会有这些东西，我们想了解一下源头。其实我们也采访了很多木匠，其实，包括刚刚讲的这个为什么三只脚，今天是我们第一次接触过。他讲的这个书上也有记载。就是说为什么原先这个四只脚它飞起来了。

答：四只脚它飞，三只脚是割了的。所以祭鲁班就做一套新衣、手帕、帽子、袜子、鞋子，一套全买。他是躲到这个底下的，躲到刨木花地下的，他丑。他搞去搞来才割脱了一只。你三只脚你就飞不起来了嘛。这是为了纪念他妈嘛，就是这么过，祭鲁班搞衣服、搞鞋子是要这么过。

问：您师傅传，就是您刚才讲的那些唯心的东西噢，我们现在也不能说他是唯心的。就是作为一种技艺传承的话，以一个念想。就是您做这些事就要开始想到这些。想到这些前人，这个就是个念想，作为一个技艺传下来，这么多年了，传到您这里来还是讲这个东西，说明还是有一定的道理。

答：那是的，他是一个来源啊。他只是个来源啊，就是这样。

问：木匠，师傅传徒弟是不是要吃么子，师傅是不是会给徒弟准备饭啊什么的？么子时候吃啊？有没有这个？

答：那不存在。那都是一个互相尊重。弄到哪里为止，不存在搞起哪里，搞成什么样子。不存在只是互相尊重。到师傅屋里去，你拿一定的礼物，真的师傅爱护徒弟，他不就是那样吗。互相尊重嘛。你硬是讲搞起哪里，搞些么子样品那个不存在。他那个不就是那么过，你真的师傅给你讲一些比较吉祥的话，不就是这么过呢。你讲讲些么子，那个过程。他讲不到还不是的，他反正就是干好的讲哦。

问：您今天就是进他们屋里做木匠的话，就是有没有一些相应的？

答：没得么子，那有么子嘛。这没得么子，这没得唯心的么子。

问：没有么的讲究啊？

答：没得。

问：您制木马肯定还是有讲究嘛？

答：那有么的讲究嘛，摆起架子搞啰。你到别个屋里做工有个么子嘛。你只能讲这些构造。你问我房子哪么起哪么落我跟你讲。

问：您师傅哪么跟你封赠的啊？哪么跟你讲的啊？

**答：** 我刚刚讲啊的啊，么的四方大吉还不有么子哦，就是这些话啰。你越做越好咯，搞到哪里顺利哦。还不是讲这么些，讲么的？那比如你出去打工，那还不是说，你到外头去多找点钱哦、发财哦，那还不是讲，讲么的？还不就是这么几句话呢。还讲么子。

**问：** 东南西北中，你立哪方？

**答：** 哪方都立啊、四方八达都立哦。

**问：** 那个楼梯，上去的位置是干嘛的？那个楼上。

**答：** 楼上啊？楼上又一层楼啊。

**问：** 现在是做什么用啊？

**答：** 他这个就是为了方便上楼啊。其他的没有么子啊。

**问：** 上楼从这儿上的啊？楼上有没有房间啊？

**答：** 有些有，这个没得一定之规。

**问：** 有的是安了房间的？

**答：** 这个是没有一定之规的。没有房间的都有。活动的，这都是活动的。有的有，有的也没得。

**问：** 那上楼就是两侧搭一个这样的梯子上去啊？您修吊脚楼，一般这种房子的话，按照几柱几的样式修的啊？是根据屋的大小？

**答：** 鲁班发明是五柱五，但是现在都有变动了的。起初都是讲的五柱五。

**问：** 五柱五？

**答：** 五柱五骑、五根长的五根短的。

**问：** 这实际上是三柱五啊。他这个后面还有？

**答：** 他这个后面还有拖檐。鲁班发明开始是五柱五骑，后来哒就变动哒，那就随便那么搞都可以哒。你只讲来源，来源鲁班发明。五柱五骑。你只能问几分几的水啊？问像这些啊，那以前采访的，问有几穿枋，一步二步三步，还有些么子么子，他的步有好远好远。我给你们讲这一层，你们讲的木房子的构造就是么的呢，一个是步头，有好宽好宽。几分几的水。都是问这些构造。

问：一般来说步水是修得好多？

答：现在都是二尺五、八十三公分。

问：最宽修得到好宽啊？

答：柱头是两尺五、水是五分二的水、步是两尺五。原来他问我构造，我就是讲这些啊。发发墨五尺五、步出二尺五。

问：您的二尺五是柱头点中？

答：是的，是柱头点中，八十三公分、中到中。

问：有没有可能做宽一点？

答：那是活动的。这是开始发明就是那么过。反正你是五分二的水那是固定了的。就是一尺高矮五分二。

问：就是在您手里最宽做过好宽？

答：我们没加宽，就是丝檐可以加宽，像这一步可以加宽，最多做个一米。

问：三尺。那个丝檐加宽，它算不算柱头里呢？那就不算？

答：那个在外。

问：它还是以整体为主。

答：那个一般是不是都是一米啊？那个丝檐。丝檐有一米的、八十三公分的都有。那个都是活动的，不是固定的。

问：目前木屋的高度有好高呢？

答：高度一般的屋只是在一丈九尺八或者一丈八尺八、两丈零八啊，这些。他都有个发句，都离不得八字。

问：最早，修五柱五的时候修好高？

答：也要那么高、都有，这个是要看地势的，看地理位置来的。像这个位置占得高你可以稍微矮点，像修到那个下面的凼凼，你肯定要比较高点儿。都是活动的。这个不是固定的。

问：就是您这个扇架，除了中堂的扇架之外耳堂的扇架有没有么子讲究？和中堂这个的？

答：和中堂的适当高三寸。

问：升扇？那么要升三寸？

答：它才好看、它带点弧形，你不是的话就不好看。你看木房子屋的檐口，都是翘起来的，不是直的。

问：檐口升好多？

答：也是三寸。

问：为什么要升三寸呢？好看？

答：好看哈，便于美观。

问：它有没有就是那个水下来，它是深一点儿呢，还是那个惯性下来他是不是溅得远一些呢？

答：那不存在。

问：它不溅到阶檐上呢。

答：它主要是美观。

问：是不是现在每家修屋的话，这个柱头下面都要垫这个石头呢？

答：它是以往发明要这个，现在也没有哈数了。

问：也有直接落地的啊？

答：那没。它主要是为了防潮。

问：我看到这边堂屋都没装大门？

答：这个没有一定的，有的有，有的没有。

问：那您做大门有没有什么尺寸么的讲究，有么的规矩呢？

答：做大门的尺寸啊？这个没得规矩，你装六扇，六扇就平均分，就是这样哦。

问：大门的尺寸呢？

答：大门的尺寸没得规矩。

问：您做门都没得讲究啊？

答：那个以往，它搞礼信啊、搞红包啊。神龛大门都有。

问：神龛就是后面做的那个啊？

答：嗯。做的时候不要，进板的时候要。那也要看日子；看良辰吉时啊，打这个有么子良辰吉日啊，搞这么些，农村的都选日子。

问：实际上是拗红包。好玩儿嘛。

答：这实际上是一种礼节问题，以往有这么种。

问：您现在枕后面的地楼板的话，最后一块楔子板您肯定也要拗点红包才行。

答：这个不存在。这个都是随主人家。

问：您像这个大门做好了，安财门这么些有没有么子歌络句、顺口溜这么些？

答：说佛事就是。

问：您说几句看看？

答：那个有么的嘛、很简单。

问：您不能保守？

答：很简单，就是那些什么万事如意那么些啊、家和人兴啊、心想事成、梦想成真啊；那修木房子了不起就是上梁啊。

问：上梁那么些，我们看下您们宣恩和其他地方是不是一样的？

答：这个各有各的讲法，都是编的一些，个人那么想的就那么过。

问：您师傅给您传的是些么子？

答：那个太多了。

问：您讲几句听哈看，看哈宣恩的区别？

答：差不多的。

问：那可能有区别？

答：各是各的讲法，那个都是个人讲的，上梁是那么个礼节，兴上梁。那那个讲的么子起么子作用嘛？只是有那么个礼节兴上梁、兴开梁口，做梁木也有红包，开梁口、上梁。你硬讲的话。

问：开梁口的歌络句怎么讲的啊？

答：那就是开梁口，开得金银满白土；他开东我开西啊，后夜楼马修夜西哦。古文楼修四马啊，动人打马会超期哦。就是这么几句。

问：是不是他这么说的？

答：没有一样的。想怎么说就怎么说。都是活动的。

问：都还是有区别？您想怎么说就怎么说？

答：他把六道梁口开归一了，他都是一样的。他讲这个，五把梁木翻一翻啊，我今天四马登先，我四马登先去啊，后代发迹万万年。那些都是活动滴，由人想的。只是一些奉承话、吉祥话。都是，这都是一个提纲就是那么过。你个人想那么讲，就那么讲，只是上梁的一个提纲，跟写作文一样的，就是说内容的话各是各的讲法，那个讲起也没用。那个基本上都是相同的。上梁的过程都不需要讲，他们都有。

问：您那个打石头开卡子也有是不？

答：没有。

问：开石头也应该有啊？

答：有。

问：您会不会看屋基？

答：就是地理位置那些啊？那个是地理先生的事啊。

问：您不管？

答：他各有专门管地理的啊。

问：您现在修一栋房子的话，整个程序的话一直到把整个家神都安完，整个程序应该是哪么过？最先搞么子？

答：哦，就是讲从修开始装起开始是不是的？从修屋那，砍树就是伐木那。伐木哒，开始伐木。伐木就是清枋、刨柱头、画墨、打眼，再就那么过，起眼、上滕、做榫，再就排扇立屋啰。只是这么几个过程那。

问：刨对就是那个？

答：你把眼子打了你把那个大小要下来，那只是个过程，开始就伐木，伐木就清枋、刨光、画墨、打眼就是那么过，那就是做榫再就是排扇。

问：然后再就是立扇啊？

答：立屋，几个过程就是。

彭家寨吊脚楼
湖北 宣恩沙道沟
金晖 / 摄

问：上梁是把檩子上完了再上梁呢？

答：没有、没有。

问：先上梁再上檩子？

答：哎。先上梁，四排扇立起哒，再就上梁，上梁哒再搞檩子。

问：步檩子布完哒，再就？

答：再就钉椽角。

问：椽角上完了就上瓦？

答：哎，摺檐。

问：摺檐了再上瓦？

答：哎。那个没一定的，有时候按个人，但是过程要全部搞。

问：摺檐了再上瓦？

答：哎。

问：摺檐了再上瓦？枕楼是要把瓦盖起了再装，装板壁？

答：装板壁，那个是把屋搞起了再装。

问：就是说，把天上搞好了才能装？

答：哎。盖起了才能装。

问：那如果是做丝檐的话呢？

答：丝檐的话立屋的时候一起做。

问：那也就是说排扇排的时候，立扇架的时候就把它一起做？

答：唉，把它立起哒，就可以做丝檐哒。

问：做大门就是要把这些板壁装完了再做？还是从初就做？

答：这个没一定。

问：没一定？

答：这个随时都改变的，它哪门合适就哪么搞。

问：装神壁也？和做大门有不有前后也？

答：那个都，那可能神堂装在前头的多一些。

问：神堂装到前头的多一些？

答：嗯。

问：那就是说大门，最后踩财门差不多是最后一道工序哒？

答：一般大门不得先弄。

问：那铺那个地板呢？那个楼板呢？

答：楼板，那个首先就是楼板。

问：在哪一步？

答：楼板肯定在第一步。

问：就是把天上盖好哒，下头就要枕楼板哒把瓦上哒，就盖楼板？

答：哎，就是第一步枕楼板哒。装屋来讲，楼板不能排第一位。

问：那排在墙壁的前面？瓦的前面哦？

答：瓦盖好了才枕楼板。

问：先地板还是先墙啊？

答：先地板。在装屋的第一步，在修屋都在前，盖瓦这些全部都在前。

问：那您说枕上面的楼枕的话，那应该要还是先装板壁？

答：哎，先装。

问：地楼，是先装板壁之前弄？

答：哎，地楼第一步。先装地楼。

问：就是那个下面的啊？地上的楼板，就像那个后面做的那个？

答：下面的这个楼板，这是第一步。

问：然后再装这个板壁？

答：哎，是这个板壁。

问：然后上头的楼板？

答：上头的楼板在后。

问：您说的那个清枋是不是把那个树，把它刨干净就叫清枋？

木工技艺传承人口述史研究

答：哎、哎，就是刨光。

问：那您讲的那个刨柱头呢？

答：刨柱头就是伐木，伐木就是把柱头做好哒，就开始刨。

问：也就是说清枋和刨柱头是一起是不？您有不有五尺？

答：五尺有啊。

问：哦，您师傅给您传了五尺的是不？

答：有五尺。

问：门规尺呢？

答：啊？门规尺没得，五尺有。

问：哦。它是不是那个，一般就是说做门的是专门做门的？你们有
　　没有这个区别？

答：不不。

问：您们都可以做？

答：那都可以做。

问：但是有的，它还有没得五尺，但是它有门规尺？

答：那个是一样的。

问：您那个五尺是您师傅传给您的，还是？

答：我那个是我大哥把给我的。它那个五尺高头还有个佛呢，那个
　　佛还只有二十八笔呢。

问：二十八宿是不？

答：嗯，喊子尾佛。

问：子尾佛是不？

答：嗯嗯。它那个只有二十八笔。

问：哦哦，就是雨字头上面三撇是不？您五尺拿过来没？

答：没有，在家里。

问：您做五尺的材料肯定也有讲究？

答：做五尺的材料按以往讲肯定是要，那现在做不到哈，以往他们讲比较远的地方啊。莫听见鸡子叫，莫听见狗子叫的地方砍啊。

问：砍么子树子也？

答：砍么子树，那个具体师傅也没那么讲，也没讲具体哪种木头也没讲。木头最好是不听鸡狗叫的桃子树最好。

问：还是要桃子树？

答：嗯。

问：哪门要用桃子树呢？

答：桃子桃子是么子呢？任何人煞气不敢沾边，他搞出去都通情达理。

问：桃子树有这个啊？

答：那个道士先生他令牌都用那个东西。

问：哪门要用桃树，我们觉得这是个很有意思的东西？

答：我没听到讲过，我也讲不到来源。

问：您没听到讲过，那您应该晓得啊？

答：我晓得啊。就是那个毛桃子。桃李儿，那红的那种，一老了就扎口，那个树相当长得直的。

问：那你讲为什么要用那个树的来源？哪门要用那种树呢？

答：它才辟得到邪啊。

问：为什么那个可以辟邪？

答：他那个什么都不敢沾边。

问：电影里面道士用的那个剑就是桃木的。它凭么子辟邪呢？

答：它凭么子啊？一个字辟邪。

问：么子字啊？

答：桃，它是啊，一般的桃树是弯的，找五尺长的尺寸的没得，你尽管搞去搞来，你也搞一辈子，我也搞一辈子不容易遇到那个树。我没看到过。只能道士先生那个令牌是，那么长长的那个，那个是雕的，就是那个。

问：就是毛桃子树，实际上就是那个？

答：那个来源我讲不到。

问：说道士，估计是不是跟道教有关啊？您不能保守？

答：那不是保守。只是那么过，我只相信讲大致的过程，那具体的内容讲清也可以了。凡是活动的东西，就不需要讲的。

问：但是您毕竟还是有个套路哈，就是师傅传给您也好，您个人有发明也好，那肯定有个套路嘛。您到他屋里来做活路的时候，安这个木马肯定还是有讲究嘛？

答：那没得。

问：我原来有两个舅舅他们到别个屋里做屋就是，两个舅舅他的做法都不一样，有个舅舅他进别个屋里去的话，因为他记忆不好，他么子都记不到，师傅就给他传的个方法就是说，你到别个屋里去，在中柱上，你把你那个钉锤钉颗钉子在上面，把包往上面一挂就行了，他就给他传这么个。所以他到别个屋里做活路的话，一进屋就是首先在中柱上一钉然后就把他包往上面一挂，就表示他在进屋这么做了招呼了。您起高架肯定还是有那么些？

答：那就是讲修屋开始到别个屋里去那么些啊？那不存在，他还不是那么子砍树到山上去啊。只是带点儿香啊纸啊。

问：那个是在山上不是敬鲁班？

答：那不是，山上那个是安全问题。

问：敬山神？

答：是的，为了安全，怕的是不太安全啊。那个五尺上面有一种符。雕的几个字。诛杀退位，巧工在此。一般就有那么些。那个五尺上面基本上就是那么过，有一个符有八个字。

问：他们有的是鲁班在此？

答：巧工在此。

问：估计和鲁班指的是一个人，实际上就是鲁班，就是刚刚他讲的
那个口令上吾奉太上老君，那个太上老君到底是哪个？

答：他是开天辟地元始天尊，女娲娘娘、太上老君那都是仙人啊。

问：您说的那个太上老君，你们应该有个歌络句，有个唱词吧？

答：他只是，太上老君他是发明的锛锄啊、斧头。

问：那是不是就是那个农神，就是那个神农架的那个神叫墨子啊？
采药的那个。神农氏嘛。您说的那个也就是那个神嘛？

答：那些都可能是太上老君。它这个做这么些最后都吾奉太上老君。
它是各是各的发明。

问：我听到有些歌络句就是太上老君么子么子的。您有没有这个
印象？

答：太上老君是那些东西都是他发明的。

问：不是他发明。就是有一句叫么子，比如说：神农尝百草，么子太
上老君赐农资，这些之类，您有没有印象？

答：他就是吾奉太上老君。

问：还有急急如律令？

答：哎，那个吾指本人，每句话就是作数的意思。那句话就扫尾了。

问：您这边上梁的话，您在做的时候念不念这些东西？

答：上梁就是上梁那么讲啊。

问：比如说上一步怎么的？

答：这些啊，这些都有啊。而且都是活动的。

问：您上一步，下一句是什么啊？您说说看。比如说他上到八步。
他一般是上到八步还是？

双土地老街
湖北 建始景阳
金晖 / 摄

答：到九步十步。

问：上到十步就行了是吗？也是根据这个梯子有好多步来的是不？他一般要上到好多步？

答：上十步。

问：您说说看，上一步怎么？

答：这个太长了。

问：我们就是想证实一下您们之间的说法，有什么相同的或者不同的啊？

答：这个都是自己编的。一步两步到此来啊，三步四步到金街啊，我到金街别无事啊，师傅请我上梁来啊。脚踩云梯步步高啊，我就上梁摘仙桃啊，要吃粮草仙桃果啊，出入的粮草去走一走啊。一诵鲲龙地啊，鲲龙来演戏啊，鲲龙来修法梯啊，买得二尺地啊。二诵好屋场啊，聚众修法场啊，前有八福后朝水啊，后有八福水长阳啊。三诵金覆土啊。么子丞相挂陋习啊，坐一坐得塞得象牙谷啊。四诵子母梁啊，生在青山上啊，云打太极，中央指不得中堂啊。五诵琉璃瓦啊，文物盖天下啊，天下么子只有这一家，骑到一匹马。六诵云阳风，男丁管刁将啊，凤丁管凤凰倒阳阳。七诵金六文脉，文脉挂七钉，凤凰闹程程，赛过虎牙门。八诵八颗楼啊，楼上抛绣球，官家小姐坐花楼。九诵中堂夜，夜夜更鼓响啊，金鸡配凤凰啊，一世为久长啊。十诵万民全，么子诵万民伞啊，对子挂两边啊，挂了就加官啊，上了梯又上方啊，代代二天① 要做长啊。然后就上个梁就上到梁头上去了哦。

问：您编得好。

答：还讲四大仙人。鲁班借此坐梁朝，强人么子去西游，先是打马运丹走啊，八仙子弟通婚游啊。落户洞子来盗货啊，蓬安黄东会朋友啊，四大贵人起来到，鲁班借此坐梁朝啊。那个多得很，还有哪个唱指南针啊，么得先天八卦诵哪里啊，后天八卦诵哪里啊。三观台上有么子啊，台观台上有么子啊，飞龙掌上啊。

问：飞龙掌上那么说？

答：它这是指仙人，他有三管掌，有排管掌，有飞龙掌。这个越扯越多越宽。哪个摆黑暗阵，哪个朝指南针。那个多，就跟那个花鼓戏的意思差不多了，那些都不必要啊。

问：您觉得不必要，我们觉得有必要，您这个真的编得好，我们听

---

① 二天：方言，指以后、今后。

到的就是比较简单，上一步怎么的，上一步怎么的。您这个就是说上一步并且内容还比较多。

**答**：上一步，一举成名啊，子孙万代家旺人兴啊；上二步，二龙相保子孙屋场坐得好啊，前有龙头后占龙腰，子孙穿龙袍啊；上三步，三银在富啊，水中粮食满仓库啊，金钱满筐啊；上四步，四季发财啊，一代胜过一代啊，头戴乌纱帽，脚踩朝廷鞋。那个都是我们自己编的，所以我们打花鼓的有这么点韵脚，可以编得出来。

**问**：您打花鼓，唱腔上面有没有什么？

**答**：那没得，那只是高平坳儿①上啊，它分成轻重啊。跟唱歌一样的。打花鼓有十多个韵脚，有十四个半韵脚。天地人和朱子贵花开柳鹏黄拆高，坳儿这只算半个韵。

**问**：您在上梁的时候讲不讲究这个韵脚呢？

**答**：这个不。

**问**：主要是打花鼓的时候？

**答**：打花鼓的时候才有韵脚。

**问**：您这个技艺传承不仅仅是个技术层面的东西，修房造屋如果没有您这个仪式的话，您如果这个几个柱子一弄，穿枋一穿，就把它立起来，就不讲这个过程，包括您这些说辞的话，您就本人修这个屋也觉得没有意思了。包括现在他们修平房的，那个几个水泥柱子一倒上去，它就没有任何的仪式了，其实反正就没有意思了。包括现在农村整酒都一样，结婚打发姑娘都是一样的？

**答**：你这个伐木还不是到坡上带点香纸，主要就是祭鲁班的时候，

---

① 坳儿：鼻化音，高平坳是锣鼓唱腔调，坳腔是介于高腔与平腔之间的唱腔。

就是祭承一下鲁班，上梁的时候就是随便编成的那一套，就是五尺上面有那一点，就是有个符。

问：您比如说祭鲁班还有什么没有？

答：祭鲁班没有什么，那不就是刚刚讲的要些什么东西啊，就是衣服啊、一套丝袜鞋子啊，再就是摆设那就是五方啊、香纸啊就是搞这些。再就默一些师傅，就是这样，就归一<sup>①</sup>了。

问：就是您这个仪式的时候，就是要您自己想一下师傅是怎么的样子？

答：默一下啊，请一下这些师傅，凡是你学艺的过背<sup>②</sup>那些师傅。

问：您这个房子装起了以后，他搬家有没有什么仪式？

答：就是没得。

问：他主人家有没有请这个火神啊，有没有请火神，比如说他这里有个火坑，它这个火坑里面摆了一个三角，他这个三角有没有什么忌讳？

答：它这个搬家就是由火炉三角上前。首先还没进去之前火炉里就烧一炉火啊，烧一炉火了把三角提起来，其他就是挑那些东西。

问：他念不念么子东西？

答：没得。

问：它这个火坑有没有什么讲究？调试啊？这些有没有什么讲究？

答：它只要不是正方形，适当调一点就行了。稍微带点点长方形。

问：就是你们封这个板壁的时候，就是想封好高就封好高吗？就是上面的那一块。就是上面那个有的没有封满？

答：它这个根据主人家，封满了就没有光，看不到了。

问：这个是不是相当于吊顶啊？

① 归一：方言，指结束。
② 过背：方言，指已经去世。

双土地老街俯瞰
湖北 建始景阳
金晖 / 摄

答：这是的。

问：这是您包的？

答：这个是以前做的，我只是做点工，它这个是被承包了的，他这
是从政府那里接过来的。

问：就是您做这个神龛有没有什么讲究啊？比如说高度啊？

答：做神龛没有什么讲究。

问：比如说这个放祭品的板子，离地面的高度这些有没有讲究？

答：宽度有点哈数，宽度他一般是四尺二啊，三尺八啊，这是指宽。
一般只单不能双。

问：只单，就是中间这块整的，朝两边装？

答：嗯。他就是说，这个几个字，他压到板子上面别把纸撕破了，
这个意思。它这个中间这个字压到缝子上面，就扯破了。

问：那那个上面像个屋檐的东西呢？那个有没有什么讲究？

197

答：这个只是代表加了个帽子的形式那门个意思。

问：就是随便安装就行了是不?

答：嗯，安天花板。

问：那您这个神壁的这个缝肯定有讲究嘛?

答：他就是中间不搞缝子哈。正中间这块板子，他有缝子，纸就扯
破了哈。

问：就是说，您两块板撞缝去，中间这个机器缝肯定有讲究嘛?

答：就是这个正中间不搞缝子哈。

问：两边这个板子。和周围这个撞缝有没有什么讲究?

答：没得，他只是中间这个不搞缝子就行了。

问：中间这个板子两边应该是公榫吧?

答：中间这块是公榫。

问：中间是公榫，两边是母榫?

答：正中间是公榫。

问：它这个做公榫有没有?

答：他这个不存在什么，主要是在正中间位置咯。

问：我发现他这个柱头不是很正，这是怎么回事?

答：这个与技术有关。

问：等于说是年代久了就这样了?

答：与这个地势有关。

问：我们了解到，有的地方还有这个技术，他这个堂屋的中柱不是
立得非常直，上面是不是要往内收一点?

答：他这个有八分。

问：就是您收拢 ① 八分?

---

① 收拢：方言，指靠近、集中、收在一起等。

答：下头宽一尺六寸，一边八分。

问：他这是不是有什么讲究呢？一边八分？

答：稳定性。

问：他这个就是两边即使歪的话，它也歪不到哪里去，还是有它的力学道理？

答：没得么子道理。他只是以往这样发明的，这个不存在稳和不稳。还有那点问题，他只是这样发明的，它看起是正的，他有么子道理，就是它下面的柱头大些哈，上头小些哈。

问：是按照那个树的生长那个，下粗上细，好像还有那个梁那个柱的时候，粗的在哪个方向吗？

答：那个是地理先生定的。

问：您堂屋里上檩子或者上梁的话，以哪边为大？都是在右边？这边是东头？就是面向东头的时候右边为大？

答：反正进去右手，出来左手为大。

问：而且两边的耳间的都朝堂屋？

答：但是堂屋的都朝这边。

问：朝东头。您这个前挑和后挑是不是长短有差别？

答：后挑一般是一米。前挑一般是五尺。

问：前挑是多少？

答：两步水。

问：前挑要挑两步水出去啊？

答：大小是两步水。

问：刚好两尺五一步水。有些房子修了之后，感觉后檐长一些、矮一些，是什么原因呢？

答：它好看些啊。

问：就是这个柱子的话前后都是，就是中柱点到正中间的啊？

答：中柱就是，这个没有一定之规矩，它这样好看些，前后一样长的就分不出前后。后面拖得远一点，一般的屋都系这个样。

问：步水还是一样？

答：那步水还是没有动。

问：有的可能在后檐拖了一步、两步水？

答：是的。

问：您说后挑尺寸是好多？

答：后挑一米，都没有一定的这个，一米也有，一步的也有，都是活动的那个。它反正这个水是五分二这是定了的，你管他远近，都是算的。

问：您有没有把水修陡一点的？

答：有。有五分四、五分二的。

问：您这个关于步水有没有歌络句？就是师傅传给您的有没什么固定的？

答：没得。二尺五、二尺七都在乱搞，按照以往的只有二尺五的，你不管二尺五、二尺六，都是定了。

问：就是说，有的说这个师傅都传得有这个歌络句，比如说这个，屋脊要锁瓦、檐口要跑马？

答：他这个怎么解释呢？

问：实际上就是说中柱的这根柱头呢，它旁边挨着的两个柱头可能要高一点？

答：捶点脊，翘点檐。

问：对，它把它归纳成个歌络句就是屋脊要锁瓦、檐口要跑马，也就是檐口要平一点，屋脊它要陡一点。

答：它是翘檐。

问：它就是中柱往上升了一点，您修屋有没有这个讲究？

答：有这个讲究。

问：升多少?

答：那个最多八分，它是的，就是我讲的那个翘檐嘛，翘檐便于好看。

问：翘檐就是，檐口升三寸，然后中柱升八分? 那实际上还达不到屋脊要锁瓦的程度哦?

答：嗯。

问：它只是这么个说法，檐口稍稍的翘一点?

答：按正规的算了之后算高一点，在技术上面它是活动的东西。

问：梁要升八寸是不?

答：它存在这样屋不离八，床不离半。

问：就是我们前面问到的，那个檐口和两边的扇头为什么要升三寸?

答：它这是个美观。

问：为什么不升一寸，或者两寸?

答：就是说三寸的来源是吧? 它就是形成那样一个升扇翘檐。

问：升三和升扇有没有什么关系?

答：你是说这个三寸的来源，三寸的来源这个是不是和其他的么子有关嘛，这个我也解释不到那么清楚，是不是都是从扇上来的原因。

问：您师傅也没有给您讲为什么升三寸?

答：我们没有问过。

问：您这个做两个挑的话，是不是两个挑都升三寸?

答：这个升三、那个升一寸半。

问：两个挑都要升?

答：嗯。小挑升一寸半、大挑升三寸、光升那一个急很了，陡很了。它不好看。

问：就是升扇头与檩子的大小也有关系？

答：嗯。这个檩子间的细一点，中间的大一点，如果不升一点，它就跌下来了，那我们做的时候完全没有讲究这些了，在"文化大革命"时期这些就完全封闭了，你问是师傅，他有些晓得，有些不晓得。他也不愿意讲，他也只是说两边弄高点。我们也不晓得问为什么升那么高。

问：就是您从修房子到独立掌墨大约修了多少房子了？

答：我光它这里都修了七支屋啊，就这个小组我就修了七支屋。

问：您从六八年修到现在修了多少屋？

答：那起码百吧支屋。

问：您修的最大的屋有多大？

答：最大的屋修七柱六也、三层楼啊。

问：那现在还在不在？

答：在苦漆村，田泰山屋里。

问：还在不在？在哪个位置？

答：在苦漆村，田家坡，叫田泰山。

问：哪一年修的额？

答：那我记不清了，估计有一二十年了。

问：那就是九年。

答：那可能有一二十年了，那屋大。

问：您修了多久？

答：修了一百多个工。

问：那就差不多半年啊？

答：那不，那人多，十几个人。

问：就是一般情况下，您是掌墨师，手底下有十几个人，还是一套班子？师傅，我问问你，这是骑柱、这是立柱。立的时候是先

木结构建筑挑枋
湖北 长阳采花
金晖 / 摄

立这两根中柱是吧?

答：一起排扇了立的。整个弄好了立的，一起立的。一扇的立的，
不是一根根的立的。

问：就是穿好了立的是吧? 我在广西见到就是做的时候，穿枋的时
候就是后来慢慢敲进去的啊?

答：那不会。

问：他们是那个柱子先立了，然后用那个东西那个锤子，锤进去的，
我在广西见到过。

答：他这个是弄一点，配一点，所以就弄在上面了弄的。

问：那那个立扇的时候，怎么可以放在那个石头上面呢？再拉上去啊？

答：在没有盖瓦之前，还有矫正水利。

问：那个排好了之后，然后再上梁？

答：立屋了再上梁。

问：您这边修屋为什么不弄大门？

答：有的有。

问：您看一下，这个起吊脚楼的基本程序：首先是看地基选址，一般农村的就请木匠，请的时候要储备定型，或者是五柱四或者是几柱几，您可能要起个篙杆①？

答：用。

问：起篙杆才能晓得，然后根据这个备料的情况、量才木料，做柱头、骑筒、整个一个制作把这些东西做出来。

答：就是这个过程啊。

问：然后就是掌墨师画墨，二墨师画不画墨？

答：他能够画就画啊。

问：主要还是掌墨师？

答：嗯。

问：然后就是做工开槽、雕精光，这个一搞完就要排扇，然后就要砍梁树，梁树会不会先砍了放屋里？

答：那就是排扇那天再砍啊。

问：那您排扇架，是不是按照您的那套画的，还是另外的现在的那个？

答：没得了，所以就是做那些东西就是全部来、起来，都是一个整

---

① 篙杆：方言，指修房屋的一种丈量长度的工具，是在现场用楠竹或金竹片做的，上面有刻度，计量房屋的不同位置的尺寸。

体啊。

问：就是说，梁树砍了之后就是立扇架，扇架就是排了之后立是不？然后立起来了之后就要上对角枋或者是檩子？

答：我这是把上梁放后面的。

问：我就问您这个程序就是上梁是在上楼枕和檩子之前？

答：那不。

问：楼枕在上梁之前？

答：檩子在上梁之后，你不做怎么会稳呢。

问：就是说，梁和檩子要交换，还是要先上梁然后再上檩子？那祭鲁班那也应该和他一起才行？

答：祭鲁班应该在排扇那里，祭鲁班在立屋之前。

问：我们采访，有的说祭鲁班在上梁那天？

答：那不是，那在提前一天晚上，排扇的晚上祭鲁班。

问：排扇之前，还是排扇之后啊？

答：排扇之后，晚上祭鲁班，排扇是白天。

问：上梁抛粑粑都是在一起，和上梁一起，那就是说上檩子和钉椽角钉差不多是，檩子一上完就钉椽角钉？

答：嗯，檩子在前，椽角钉在后。

问：扦子、私檐都可以肯定了，那这些在没有上瓦之前都要矫正水平是不？矫正水平是在这个之前还是之后？

答：在钉椽角之后。

问：那矫正水平了，就要安磉磴？

答：安磉磴都是在排扇那一天。

问：那您这个水平怎么矫正？安磉磴的时候就要安水平，就是它要把水平搞好。

答：嗯嗯，就是那天啊。就是排扇那天啊。

问：排扇那天就是把磉磴全部安好？

答：嗯，磉磴还在排扇之前，搞磉磴和安地脚枋一起，磉磴在前，
　　安地脚枋在后。

问：地脚枋是排扇，立起来过后？

答：那不，先搞地脚枋了再立。

问：地脚枋是装到扇架之上再怎么弄呢？还是？

答：先放。

问：先放到磉磴上面？

答：嗯，地脚枋放到磉磴上面。安地脚枋在前啊。

问：它和磉磴一起弄？

答：嗯。

问：那如果是地脚石呢？像这个，也要和装磉磴一起啊？

答：这就是地脚石啊。

问：像它这个石头呢？

答：这个啊。这个最后搞，最好装屋的时候搞的。

问：然后是钉椽皮，然后是放屋檐、翘屋檐，这个翘檐的话后头才会
　　做。然后再是盖瓦、落屋脊，然后再装家神板壁、放楼板、做丝
　　檐栏板、安大门，然后有踩财门，安家神放在哪个位置呢？

答：做神龛的时候安家神，就是做神龛的时候。

问：装家神的时候就一起安了？实际上做大门、踩财门都是一个
　　时间。

答：他这个大概是这么个。

问：其他的没有么子了？

答：是的。没有么子。

问：好的。我们就不打扰您了！谢谢啊！

# 第九章

## 循环传承巧工艺

居住在湖南湘西自治州龙山县城的王仕辉师傅是个另类，12 岁开始跟爷爷学木匠，大学毕业被部队领导瞧上了，于是就到部队当兵，到部队主要是搞文化教育培训，后来转业在税务部门、信用社待过，最后还是回到老本行从事教书行业，一直教到退休。

本来从工作性质来说与木工行业八竿子打不着的王师傅，因为一直利用业余时间从事木工活，所以在退休后很顺利地捡起木工技术，以前经常还出去当掌墨师修建吊脚楼，现在在家专门把吊脚楼等建筑样式转化为旅游的工艺品，他的愿望是把吊脚楼做成掌上的模型，通过另外一种形式来保护、传承民间艺术。

王师傅做的吊脚楼建筑模型只有一两尺大小，采用楠竹做材料，用石灰水或双氧水浸泡，便于防虫防腐，晾干以后就可以做模型了。模型样式基本参照传统的吊脚楼建筑或凉亭桥的造型，内部的结构也按照实际的比例缩小，也讲究柱式和步水，再设计加上一些庭院或假山，做成后的建筑就是一个微型的吊脚楼建筑景观，做工精致、美观。曾经做的吊脚楼工艺品不仅在湖南省获得手工艺制作最佳奖，原全国政协主席贾庆林观看了展览并给予好评！

在当代，如何保护吊脚楼建筑，王仕辉师傅已经做出了明确的答案。我认为，除了加强吊脚楼建筑的保护和传承之外，把吊脚楼建筑作为旅游产品开发，做成人们掌上可以把玩的工艺品，这何尝不是一条新的保护和传承吊脚楼建筑的发展之路。

王仕辉
湖南 龙山
金晖 / 摄

**传承技艺:** 木工技艺

**访谈艺人:** 王仕辉

**访谈时间:** 2014 年 12 月 13 日

**访谈地点:** 湖南省湘西州龙山县民安镇龙凤路 121 号

**访谈人员:** 金 晖 汤胜华 李 冉 张星星

**艺人简介:**

　　王仕辉,男,土家族,1937 年 12 月出生,大学文化程度,湖南省湘西州龙山县民安镇人。12 岁跟爷爷学习木匠技艺;1954 年到部队服役,在部队当老师,搞文化教育培训;1963 年转业回到地方教书;1993 年从教师岗位上退休。

**问**：王师傅，请您简单介绍一下您的基本情况？

**答**：我姓王，名仕辉，土家族，1937 年 12 月 18 日出生，今年要满 77 岁了，1953 年高校毕业，1954 年当兵去了，当时在湘西土家族像我这样的学历去当兵的那还是很少的，当时在农村找一个高校毕业生是相当难找的，所以，当时去了部队以后，就在部队当老师，搞文化教育，当时部队几乎全部是文盲。

**问**：哪年转业的？

**答**：在部队搞文化教研以后，1958 年又到教导大队培训，当时培训了一年就留校当射击教练，就是现在你们讲的狙击手；1963 年就回来了，转业回来就教书了。本来我是不应该转业的，当时阶级斗争比较厉害，我成分不好，家里是小地主，本来当兵是不可能的；当时刚解放不久，都是南下干部，有个南下干部的部队的科长觉得我是个当兵的料子，当时村里面都说我不能去，后来那个科长担保，我就去了；1963 年当时的部队干部要支援生产第一线，1963 年还是转业了。

**问**：当时在哪里当兵？

**答**：去南昌、广州、武汉都去过。

**问**：您回来在哪里教书？

**答**：当时回来的时候，很多单位都要我，如税务所、信用社等，后来教书；因为自己喜欢教书，在部队也担任教练，后就在桂堂坝教到 1969 年，再就调到召市区当小学老师，现在是召市镇。1989 年调到龙山的华坛小学，一直到 1993 年退休，今年就是退休的第 21 年了，1994 年修的房子。

**问**：您是什么时候开始学习木匠的？

**答**：12 岁跟爷爷学的。当时爷爷和太祖都是木匠，还会雕刻，我爷爷是湘川有名的木匠师傅和雕刻师傅，山上庙里面的菩萨大部

王仕辉与他制作的吊
脚楼
吊脚楼建筑工艺作品
湖南 龙山
金晖 / 摄

分都是爷爷雕的，大部分的房子也是爷爷修的。现在你们所说
的风雨桥，在土家族地区是凉亭桥，这是根据祖传的，现代的
人是对这些历史不明白，风雨桥是广西、贵州等，属于侗族那
一带的叫法；我们土家族就叫"凉亭桥"，就是桥上有亭，亭中
有楼，楼中有阁，阁中有铺，不仅是起到行人通道，交通要道，
接通河的两岸，遮风避雨的作用。这个凉亭桥的内涵是非常丰
富的，因为我爷爷专门修过凉亭桥的，我从 12 岁跟着学，所以
现在雕也会雕，像雕土家吊脚楼都可以，你们搞教育的，建议
要把这个改过来，要不然就走偏了土家族的历史。凉亭桥还有
根据，第一，人口密集的地方要建；第二，比较冷淡的地方也
要建，就是人烟稀少，有点恐怖的意思，所以它桥上有个菩萨，
也叫桥神；过去在桥上还有开店的，像过去我们那边有个凉亭
桥还开店，在那个地方开店是因为前后很远都没有人家，做生
意的就必须到这个地方落脚，就是一个做生意的地方。以前那
些搞生意的，首先拜完庙，再就是拜凉亭桥，然后再开展活动。
菩萨一般放在桥中间，专门有个放的阁子，这桥神起到在涨水

的时候，为什么桥会垮，就是有孽龙，所以桥神就必须拿一根
稻草，孽龙来的时候就可以把它斩走，故桥神也称"斩龙官"。

问：您当时跟着您爷爷学，有没有拜师、出师仪式？

答：没拜师，我自己的爷爷还拜什么师。

问：您跟着学了多长的时间？

答：我从 7 岁就开始跟着学，因为那
　　时没读书的地方，一直学到 12 岁，
　　15 岁我就掌墨修自家的房子，修
　　房子时爸爸早过世了，我才 10 岁
　　爸爸就过世了。

水井坎吊脚楼
湖北咸丰梅坪
金晖／摄

问：您当时学的时候有没有五尺？

答：有，五尺是哆哆① 的。修房子的
　　时候要把五尺挂着红色的带子，
　　五尺除了壮梁以外，还有几个作
　　用：第一就是辟邪；因为每次修房
　　子，容易发生事故等，刚开始的
　　时候就要祭拜五尺，五尺是鲁班
　　传的。

问：是什么时候把五尺传给您的？

答：那也不是传，我爷爷突然去世了，
　　那五尺就是我的嘛！我只是小时
　　候看到以前爷爷在修房子的时候
　　就要祭拜五尺，具体的也没操作，
　　首先把五尺插到堂屋前面的场子

————————
① 哆哆：方言，指爷爷。

213

吊脚楼建筑工艺
湖南 龙山 王仕辉制作
金晖 / 摄

上，就是阶檐前面，要靠边阶檐的边，为什么要在边上，就是砍树要上山，上山就要开山，要靠五尺开山，没有五尺就开不动山啊！祭些什么时候我就记不太清楚。一上山，就是要选中柱，你的中柱在哪个山就开哪个山，选到中柱又要烧香敬，砍第一个斧口的主人家就要接受，然后砍断后，五尺要它往哪边倒就往哪边倒。

问：用五尺树数到的方向。您爷爷哪年过世的?

答：1947 年。

问：您几兄妹?

答：三兄妹，我本来是老五，我哥哥老三，也已去世，还有个妹妹，还有两个就是以前医疗条件不好小的时候就夭折了。我有四个小孩，两个男孩、两个女孩，两个男儿都在搞建筑，是学我的本事。

问：您们接工程主要是接木房子吗？

答：接木房子，装潢都做，大的叫王国庆，1963 年国庆时出生，小的叫王丁，今年 39 岁。两个儿子还有小女儿都可以做得来我这个手艺，现在都没做了，做了没有市场，这个工艺品主要是当作礼物来做的。

问：您现在主要做的就是吊脚楼，木房子，转角楼？

答：其实，我最终的目的就是这个想法。因为当时我是木匠出身的，对土家族修的房子相当的热爱，也相当的钟爱它，现在这些就慢慢走向消亡了，被洋房子代替了，像这些都不存在了，想知道我们祖先怎么做房子的，就很难，所以我就想把这个东西变成小的东西，从比例、尺寸、规格等各方面都按照修大房子来操作的，如果今后谁看到我这个东西，把它拆开就可以完全知道里面的结构，把尺寸扩大就可以修真正的房子，我就把它称为"循环传承土家族的建筑"，所谓循环传承就是，又没有变，又有变的。

问：您上面是怎么做的将军柱？

答：第一，那个比较复杂，第二，参观的人多，拍照的人多，所以，那个要有点保守。

问：将军柱您说要穿多少枋？

答：那个穿多少都可以的，按需要，按你建的房子来穿，伞把柱是相当难做的，结构很复杂，不仅榫卯的地方要紧，在转角的地方必须要那个东西。

问：您做的一般要穿几根枋？

答：最多我穿过七匹枋，一般都得三匹枋，因为在转角三枋就起了三个方向，就是解决的空间问题，解决了盖瓦的问题，瓦不像水泥是一大块一大块的，它要一块盖上去的，你转角的地方空间没处理好拿就要漏水了，你伞把柱哪里枋没穿好，高低不一，瓦就盖不平，瓦就要掉下来了。

问：那穿的枋的长短肯定也不一样吧？

答：是的，那都是根据房子的大小来的，三根枋一般最长的就是那靠角的那根，具体长短没有，都是根据房子的大小来定的，如像三柱四配六尺的、三柱七配六尺的等等，它这个配的六尺还是根据修的正屋来配的。

问：除了您知道的穿三匹枋，穿七匹枋，您看到有没有穿得更多的？

答：看到过穿的十二匹枋的，就要十二个口子，那这个就最少两层以上了。

问：我看到过伞把柱穿伞把柱的，因为转不过来了，是不是因为这个？

答：那还是有，它有它诀窍的地方，这个吊脚楼显示出了土家族的特色，威武、雄伟、壮观，土家族最大的特点就是吊脚楼，之所以这样讲，是因为土家族的房子都是依山而立，环水而落。

问：刚才我们看到您做了那么多的房子，您能给它们分个类吗？

答：首先正屋，分为单头正屋，就是没有厢房的；其次就是厢房，楼那就有很多的楼了，像冲天楼、转角楼、跑马楼、摩天楼、望月楼、八角楼。

问：跑马楼就是四周有扦子是吧？

答：是的，它是团团有走廊。我们湘西的建筑最大的特点在那里，最能代表我们土家人的特点、气质、优美的、雄伟壮观的，就是牛角挑。

问：是不是也可以叫板凳挑？

答：那还是有区别的。牛角挑有六个字，八个六角，才有六角挑，板凳挑是一般的屋都能挑，它有角的房子才有牛角挑，板凳挑正屋上才有，不管是在北方还是在南方和我们土家族建房子都是不同的。如，你看到弓就是北方的，看到牛角挑就是土家族的房子。这牛角挑的意义，就是为什么土家族哪里都挂一个牛头角，因为牛角的非常坚硬，而且又有弯度，不可曲折，牛角又尖又硬，它代表了土家族的刚性、刚强，这就是非常好的一种象征意义，这就是我听到我嗲嗲的徒弟摆龙门阵，他们在修房子相互摆龙门阵讲的，他们没正规的教过我。

问：您爷爷当时带了几个徒弟？

答：那多。比较有影响的杜永中，去世了很多年；滕远国，他没一个徒弟；最有名的姓刘，都叫他刘木匠，具体叫什么名字记不起来了，这些人去世以后，他们的徒弟也没人做木匠了。

问：您带了徒弟没？

答：我有几个徒弟，两个儿子，还有一个湖北人在三峡大学工作；有一个徒弟在东北从事建筑行业，到这里学了两个假期，还有一个徒弟是三峡大学的老师姓陈。

问：你在外面修了哪些有代表性的房子？

答：代表性的就是在我家乡捞车河的冲天楼，还有几栋吊脚楼也是我修的。

问：您老家在哪里？

答：在桂塘，和四川、湖北交界，一脚踏三省。

问：您捞车的冲天楼是哪年修建的？

答：2010 年开始建，2013 年完的工，它主要的经济方面，老是钱不到位，就修得慢些，那个高有 24.5 米，手下都是请的永顺的师傅一起修，我就是掌墨师。

里耶翘角吊脚楼建筑
湖南 龙山
金晖 / 摄

问：您画不画鲁班字讳?

答：只写得来几个，其实这些字都是变形的，我最早就是15岁修的
自家的房子，当时修得比较小，只有三柱二，最大的我见过九
柱十一的。我最大的修过四柱七的，五柱六的，三柱四等，但
是一般常见的都是三柱四，经济最差就是修三柱二的房子，我
到现在最起码也修了二十栋房子，我修的这些房子都是当兵以
后回来修的。

问：将军柱的长短是根据什么来算的?

答：是根据走步（步水）来算的。你家里有钱的话，就把走步修密
集一点，没钱的话，就修稀点，就是为了节约檩子。最小的步
水是一尺二，非常密集，最大是三尺二，一般的就是二尺四。

问：你们在修房子的时候步水有什么要求没有?

答：有。根据水面，但是没有忌讳上面的要求。翘角尺寸上也有要求，如升扇翘扇，升扇就是房屋的两头为东山、西山，右边为西山，左边为东山，修房子的时候不是按照地理上的东西的方位，而是按照房屋的朝向来划定的，升扇就是东边的柱子比西边的柱子要高五寸，翘七就是挑手，要比第二步水高七寸，它屋檐才能翘得起来。

问：进山就要选中柱是主人家选还是木匠选？

答：木匠选，主人家指地方，就是到主人家的山地上去选。像修三柱七、五柱八等中柱需要什么时候，主人家肯定不会。第一个斧口不能落地了，主人家就要把砍的木渣捡起来，之后的就可以不捡。

问：捡第一块木渣有什么含义吗？

答：那就是能够适应这个房子，修了这个房子能发财了，平安等等。反正是对主人家有好处的，"天子天福，万国千秋"永远不倒，修的房子永远是主人家的。

问：你之前讲到五尺上面有挂红①，是怎么回事？

答：就是木匠把房子修好了，走的时候要挂红，就是主人家对木匠的一种感谢、尊重等等，那你上梁的时候也要挂红，那就必须有一个是挂的五尺的，说白了"五尺就像定海神针一样"。

问：您现在有没有给您的徒弟传五尺？

答：没有，现在都没这样的仪式，现在不讲究这个了。

问：您是什么时候用竹子做吊脚楼模型的？

答：1990年开始，退休之前就做了。我之前讲过，我要把他变成掌上的东西，这门艺术要从事下去了，再过多少年，这门技艺就没有了，比如我先前所讲到的风雨桥，其实是凉亭桥。

_____

① 挂红：方言，指挂上红颜色的布条。

问：你是为了保护民族文化的目的才做这个，把他流传下来？

答：从你们现在的角度上讲是保护民族文化，从我自己的角度上讲就是保护、传承我的艺术，我要把土家族这门建筑艺术传下去，让子孙后代知道我们祖先是怎么修这个房子的，你不能把它失传了，那我就要想办法，做个小模型把它流传下来，我的最终意思就是这个，还有的是我也非常钟爱这门艺术。

问：在做大门的时候和做厢房门的时候有什么区别和讲究吗？

答：那都有些讲究。大门上下一般不是一样，是上小下大，为什么上小下大，就是跟桌子是一样的，起到稳定作用。做厢房门的时候也是一样的上小下大。但是，在做门的时候必要有几尺半，如七尺半、六尺半等等，不能用整尺。像我们在打家具也是一样的，特别是打结婚嫁女的家具每一样都要是几尺半。

问：您做吊脚楼小模型的时候，是用的什么竹子？

吊脚楼建筑
湖南 龙山
金晖／摄

改良后的吊脚楼建筑
湖南 龙山
金晖 / 摄

答：楠竹。就是本地产的竹子，楠竹的特性就是硬，不容易变形，它是竹砍三年越放越硬。

问：您做吊脚楼模型前，竹子有经过哪些处理和加工？

答：那就是要煮、蒸，还有泡，用石灰水、双氧水泡。工艺流程还是很复杂，选竹、砍竹……

问：您砍竹子的时候是不是也是过了夏至去砍？

答：不是，是冬至去砍。只有半个月交春或者是四五天那就砍不了，在交春之前或者冬至砍的竹子是苦的，虫子不会咬，经过春天以后，雨水一打，苦的味道就没了，那时候竹子是甜的，虫子就喜欢。

问：您做窗花一般做什么样式的？

答：那样式多。像我吊脚楼模型上的窗花都是我自己设计的，我设计一种窗花样式都要花很长的时间，那窗花雕下来是一块整的竹子，先切成平面，再画成格子，再在上面一个一个雕，这个

221

不能用机器雕的，像我雕刀最小的只有一毫米，这个雕刀都是要自己做的，一般要带钢性的才能做雕刀。

问：您的屋顶也需要用胶水粘吧？

答：那是需要。就是有榫还有粘，先有榫后用胶，这样才能稳固。

问：您创作的主要是吊脚楼吗？

答：土家古建筑。像古建筑那就可以分很多类了，像桥类的、吊脚楼、摆手堂、祠堂等等。

问：您现在获奖是在哪次活动中获奖的？

答：最高的就是省里的金奖，最早的是2002年获得的，这个叫手工艺制作最佳奖，2011年贾庆林在里耶博物馆看到我的作品。

问：确实做得好，把建筑做成了工艺品，有想法！您还有什么可以给我们介绍介绍？

答：我讲得够多的了，没讲的了。

问：好的，谢谢王师傅了，给您添麻烦了！

# 第十章

## 看山取材活应用

万桃元是国家第三批非物质文化遗产"土家族吊脚楼营造技艺"代表性传承人。他说"被评为国家级传承人既是机遇，也是缘分"，自己被评为传承人与修复咸丰的蒋家花园①有关。蒋家花园在维修过程中，一根腐烂的柱头需要重新更换，但就是这根柱头难倒了所有的木工好汉，这时文化部门的人找到万师傅要他去试一试，万师傅果然不负众望，先试着换下挑枋，然后再换柱头，而且换下建筑后看不出一丝更换的痕迹。从这件事后，万师傅得到了文化部门的重视，而且声名远播。不过，我认为万师傅不仅仅是机缘，而且应该是智慧，是机缘送给了一个有智慧的人，他成功了。

万师傅在总结修吊脚楼建筑时用"德、艺、神、灵"四个字来概括，首先要讲究"德"，艺德是最基本的，手艺再好，德行不行别人也不会请你；其次要讲究"艺"，手艺高超而且讲义气，匠人是用手艺吃饭，手艺好主人家会给你工钱，不会为难你；再次是讲究"神"，就是自己脑袋中要有设计思路和图纸，全靠自己的技艺和构想把建筑修建起来；最后就是"灵"，灵活就是不要生搬硬套，在建造过程中要有灵活性，要把实用和美观结合起来，而且还要与时俱进。

万师傅从小跟随外公学木工技艺，熟悉木工技术的各种流程，在尊重传统的基础上不因循守旧，能够根据山势和材料灵活的加工并在建筑中加以应用。行行出状元，万师傅的成功可以说是他的大智慧加上在实践中灵活应用的结果。

---

① 蒋家花园：位于咸丰县甲马池乡新场集镇，建于清末。全木结构建筑，现存 3 个天井院落，共有房屋 94 间，占地总面积 4800 平方米，建筑面积 2920 平方米。该花园为四合院与吊脚楼结合的一组大型居住建筑，是鄂、湘、渝、黔交界地区现存最完好的木构传统民居，2008 年被评为湖北省第五批重点文物保护单位。

万桃元
湖北 咸丰
金晖 / 摄

**传承技艺:** 木工技艺

**访谈艺人:** 万桃元

**访谈时间:** 2015 年 1 月 27 日

**访谈地点:** 湖北省恩施州咸丰县蓝波湾酒店

**访谈人员:** 金　晖　石庆秘　庞胜勇　吴　昶　汤胜华

艺人简介:

　　万桃元,男,土家族,1956 年 2 月出生,初中文化程度,湖北省恩施州咸丰县丁寨乡鱼泉口村人。13 岁左右开始跟随外公瞿良奎学习木工技艺;2008 年被评为恩施州级民间艺术大师;2010 年被评为湖北省民间艺术大师;2013 年被评为国家第三批非物质文化遗产传承人。

问：您今年多大岁数了?

答：今年 58 岁了，1956 年二月初五出生。

问：您的民族成分是什么?

答：我本来是汉族，但是我母亲是土家族，现在就说是土家族。

问：您是哪里毕业的?

答：湾田中学初中毕业，本来高中是考上的，但是在那个时候没有谁推荐就上不了，大概是七几年毕业。

问：您是哪一年开始学习木匠的?

答：还是我在初中读书的时候就开始学习，大概时间是 1977、1978 年这个时间段，反正是十三四岁的样子，那个时候就开始打圆货，因为我有个嘎嘎 ① 叫瞿良奎，在外面做事，就打圆货。

问：您是跟着您嘎嘎学的吗?

答：是的，其次就是我有两个哥哥也是木匠，但是在手艺上没我嘎嘎做得好。

问：您学的时候，跟您外公拜师了没?

答：那是要拜师了，像我的五尺和门规尺都是我外公给的。

问：您是什么时候拜的师?

答：一开始学就拜的，就是 1977、1978 年左右拜的师。因为当时我在修房子的时候，我没有木马伐料，当时他让我伐料，就说我是天生的木匠，我当时就满足他了。

问：您跟着学了多长时间?

答：那这个时间不长，断断续续的话就大概两年的时间，之后就自立门户了。

问：出师大概是什么时候?

---

① 嘎嘎：方言，指外公。

答：在一起做活路的话就不存在出师不出师，这个东西是一个边做边学的过程，你不是每一样东西都跟着师傅学完了再出师，那是不可能的；因为你碰到的活路就要靠自己来灵活运用，看山取材。后面就是通过师徒相互交流，相互学习，慢慢地就那些小料，大料托，取长补短嘛！

问：那具体什么时候您的嘎嘎把五尺传给你的？

答：1982 年传的，师傅不跑活路了，放在那里也没有用，就传给我了。我嘎嘎传给我的门规尺都是光绪二十八年的。

问：门规尺和五尺有什么样的区别？

答：修房子的话等于门，它有八正面，二十四偶门，像大门做的尺寸不同，大门就是进财、进宝、大气，像房门就是要住天人，那就是富贵、贵子，后门就是"横财"人无横财不富，马无夜草不肥，这些都是按照门的规矩。像做大门就是上头要宽，下头要窄，并且这个宽度还不能离半和五？就是要守着五方的旺气，就是上开三十三天，下开一十八才利用，这样的做法就是聚财。生小孩的房门的话，那就是房门的下头要大，上面要小，因为女同志在生小孩的就比较顺利，这就是个形象的比喻，房门的话一般都是二尺零四分，这就是富贵门。这些门也要分地点，像庙上的门还是不一样的，按尺寸就是要卜卦，医院的门那就要把它做长臂，它这样生意才好，因为医院都是病人撒！

问：您的门规尺都多长？

答：这个我就记不清楚了，再说也有很多年没用它了。

问：门规尺的样子和五尺有什么不一样？

答：门规尺大概是长 40 公分左右，宽是 50 公分。大概是一个长方形的。

问：它上面是不是有五个字，就是生老病死苦？

**答**：是的。

**问**：像这样的就有的地方叫门规尺?

**答**：这个也应该是根据大方来的，但是这个尺寸据我所了解的，这个长短是不一定的。这个尺主要是做门用的，上面刻的字如本才、进宝、大吉大利、才智、天人。宰杀门就是猪圈等，这样的尺寸又是不一样的，上面有卜卦、长病等反正比较多，真正来说的话，我的嘎嘎也只能算是养传师傅，我还有的师傅，就是我的哥哥。在七几年的时候修吊脚楼，有个师傅叫冉金灵，他就卷了一根草烟给我抽，当时我说不要，他就说"你抽了这根烟之后包你做这门手艺什么都好"。像我拿到国家级证书的时候，我还在他坟前烧了纸，这是他给我托的梦。但是从我做手艺不管是谁的房子，一般是没什么差错。做我们这一行还有个德业的问题，你首先就是答应了一定帮别人做好，哪怕主人家对你有怠慢，你也要好好做，真正体现你手艺的不仅仅是工资，还要主人家要高兴。

**问**：您的国家级证书是哪一年拿到的?

**答**：2008 年是州级民间艺术大师，2010 年是省级民间艺术大师，2013 年是国家级。

**问**：您现在做得比较好一些的，现在还存在的房子，还有没有?

**答**：现在能看到的也不多，就在我们那边有一些，现在也拆得差不多了，完整的找不到几栋了。

**问**：那您评的国家级大师是怎么样评上去的?

**答**：当时，就是蒋家花园是个省级的文物，当时的柱头坏了，坏了之后就作为省级文物就要维修，当时政府在新塘就没找到这样的木匠来换那个东西。后来我就出于一种好搞事的思想，我就说我换得下来，就把这门活路接了下来，当时在那里修了一个来月。就县文体局的陈娇红在全县也访问了不少的木匠，就是找非物质文化有代表性的传承人。当时就问我绘不绘得来图，当时我就在学校里找了一张纸，就绘了一张图，就当场给我两百块钱，就是从修房子的整个过程把它绘制出来。最后因为材料、路费再给了我五百块钱。在咸丰县做模型的话我是最先的一个，通过这些事，把材料一整理，就送到州里，当时在清江桥头，就在那边搞展示，本来还有一个麻柳溪的谢木匠，他没做起，所以我就被评为了州级。

问：您评了民间工艺大师之后，有没有做过什么样的工程？

答：就在四川的西昌鸭路江修了一栋，那也是装模。修完整的吊脚楼还是没做的，主要是维修。像我们咸丰的严家祠堂等，今年就去湖南省的洗车河那边有个"老虎曹"是个省级的文物，也是个撮箕口的吊脚楼，就在网上找到我，请我去那边指导修复。

问：您要维修的话，您中间的那个柱头怎么能换得到咧？

答：中间的也换得下来，但是，是根中柱的话，我把眼子全部空完之后，我就用锯子弄成两块。等于就是说把眼子打好了就解下来，改成两块。

问：您有几个徒弟，徒弟叫什么名字？

答：有好几个，都在外面打工。其中一个叫彭志明，也是丁寨湾田的，五十来岁，跟着我学可以说叫"半掩半开"，意思就是他的父亲是个木匠，他自己在外面还带了徒弟，但是他跟我又没有拜师仪式。大概一起做事情就是1992年的样子；万元强，是我侄儿子，现在在温州打工，1962年出生的，这就是关系好有事就一起做，没有什么拜师礼；熊国将，五十几岁，后来也找我学了的，也是在九几年跟着一起搞活路，后来就是瞧得起我，就拜我为师，那师傅就师傅，就是这么一句话。

蒋家花园
湖北 咸丰杨洞
金晖 / 摄

**问**：那您徒弟出师的时候给不给他们五尺？

**答**：也就是说出师的时候，给他们讲"哪做哪好，发家致富等等"几句话就可以了，很简单。

**问**：您师傅叫什么名字？

**答**：我两个嘎嘎都是木匠，一个叫瞿良奎，亲外公年纪大些，还有一个叫瞿胜，年纪小些。瞿胜这个人就比较活泼些，跟他一起做事情一天有乐趣些，他现在还在，应该有九十多岁了。因为木工分三料，圆货、大料、小料。小料就是包括装饰装修等，真正大料的话要粗糙些，"大料错一寸，主人家不知道信；小料错一分，主人家要哼"；因为小料就是少半根蔑主人家都可以看得出来。像大料你可以带个七八个不会做的都行，小料的话最多能带一两个就很好了。如果说正在复杂的工艺那就算柜子，它这个"人字间"就是要非常准才能做得好，因为要一下斗上去的对子不能像锯子；再就是圆形的火盆，你别看那个造型简单，但是在做的时候你做十个能顺顺当当的安上去，那就很厉害了，它就几个枋要绝对的方正，绝对的九十度，再加上你这个方正尺，这个尺在画墨的时候一边要一样多的位置，"二样熟墨"那讲半滴墨就是半滴墨。

问：您不仅仅是修吊脚楼，还打家具？

答：是的。以前我做五柱二的房子，我们三个人才花了三十二个工。还有一次在甲马池好像是帮满老师的亲兄弟打家具，结婚的家具都是我打的。

问：您是木匠，是不是还是以打家具为主？

答：这就是说，你是吃这碗饭的，应该什么都可以做，有房子修就修房子，有陪嫁打就去打陪嫁家具。

问：您在做床的时候尺寸有什么规定的吗？

答：有的，有两种，一种是大床不离九。例如它的高就是二九一尺八，只是床的高度；小床就不能离八，例如二八就一尺六。这床基本上就是这个数字。反正是这样的你人坐在床上，脚搭下来要舒服，穿鞋子、脱鞋子的时候不吃亏。

问：床不是不离半吗？

答：床不离半，板凳不离半，哪怕就是半分也好，五分也好。

问：像吊脚楼里面的装火盆是很多的，这个是不是由木匠师傅来做，火盆的位置有些什么讲究没？

答：这个不是由木匠师傅来的。等于说火的一家之主，就你家的房子以中堂为中心，分东南西北这个方向，根据你这个造型来安排的。

问：这边有没有把火盆安排在堂屋里的？

答：这是比较少的，除非家里人口多了之后无法居住的情况。但是

木工技艺传承人口述史研究

一般的情况只能允许在左边放火盆，因为是左边为大，除非你是和儿子分家，再建一个，这个是象征性的。

问：火塘是房子修起来之后再装上去的吗？

答：是的。

问：您刚才讲到的"圆货"是指哪些？

答：是大圆桶，水桶、脸盆等等，圆货实际上就是个圆周，要取它的半径来压瓦子就得到了直径，这里面的诀窍就是取它的半径。这实际上也是木匠开始入门的手艺。砍的材料不管怎么样，最好是到了白露以后，砍的材料不长虫子，春天的树木都要长虫。

问：有没有这样的说法，在修房子的时候，孕妇不能碰上面的东西？

答：鲁班相传下来有个大起和小起，要把它安了，它的口诀就是"普安祖师大神功，猛狮门中，家旺兴畜，老鹰望空，猪栏土地，牛栏土地，猫儿鸡犬鹅鸭，怀在土地，亲近库房之内，万物立，圣物立，五五二十五立，弟子功夫圆满，请众神各归原位。"画的字讳就是"文"在中间画一横和一点，在横一边加一点，这两个点代表太阳和月亮，"一点乾坤大，横当日月长，周有八百里。周煞就是代表一百二十的凶神恶煞，远不防"，这个要在写的时候一边念一边写。

问：您刚才讲的这个字讳有什么作用？

答：写好了把它挂在家里，这样家里的任何地方就可以乱动了。这个就是保平安用的。像一个雨金耳组成的字，为什么最后那一笔要带上去，就我那是一个起点，代表南斗北星、北斗七星。但是你知道这个二十八星宿，你走夜路的话也可以辟邪，就是拿三根茅草，变成一个道具，上面点一个红点，挂在家里，可以起到辟邪的作用。为什么要祭鲁班？其实不是祭他，而是祭他的母亲。因为我们原来的木马是一根长方形的，"鲁班就骑着这个马去上班，天天回来，他的母亲就比较小气，就发现他媳妇的房间摆龙门阵（偷情），就偷听。鲁班就要回来了，一看只有一个木马回来了，就感到稀奇，就骑到那个木马上去，然后天就要亮了，身上还一丝不挂，就跳到山上去躲，这样就死在了坡上。所以为什么把半山腰叫韩坡坡，就是保佑你莫踢到，那就是鲁班的母亲。最后鲁班起来一看，发现木马不在了，发现母亲也不在家里，就在坡上找到的，当时很生气，就把木马锯断了"，这些都是传说。

问：第二天立房子，起高架的时候您画的什么字讳？

答：一般是"雨金耳"这个字讳，再就是写一个井字圈三圈。画了之后就是说佛事，这个佛事最关键的就是起一个吉利的作用。"天上金鸡叫，地下子鸡啼，早不早，迟不迟，正是弟子发扇时。天地日月是鲁班开场，鲁班到此是大起大场。此鸡此鸡，头也生得高，尾也生得亮，一身穿五色，花帽戴得好；唐三藏过西天取经，带上三双零六个蛋，抱上三双零六个鸡，鸡鸣山上抱起走，凤凰火来就是一只鸡；一只鸡飞天上，取名叫凤凰；二只鸡飞到海上，就是龙王；三只鸡飞到了弟子手中，弟子拿来俺煞鸡，一俺天煞归天，二俺地煞归地，我雄鸡落地是百无禁忌。"然后就讲发锤："此锤此锤不是非凡锤，鲁班赐我金银锤，我上不打天，下不打地，又不打人和六畜，专打五方五类邪师，是光头和尚怀胎妇人，永不进入马场之内。如入马场之内，我一锤打你在背阴山前背阴山后，一锤打你到万丈深渊永不让你超生，发一锤响，黄金万两。"然后掌墨师就说起！

问：在上梁的时候，那个包装了些什么样的东西？

答：要是这个房子最亮点就是这根梁木，最神圣的。结构最复杂的

蒋家花园天井
湖北 咸丰杨洞
金晖 / 摄

就是冲天炮，大方点就是飞檐的翘角挑，其实就是这么三点，它真正的诀窍就是踩檐、升扇、翘角、八扎。他为什么有些房子不好看，就是因为它四列都是扎起的，本来当中要扎，就是在翘角上扎。

问：上梁的功能就是大家一起起！祝愿他发，还包含其他的意思吗？

答：就是在拉起的时候，鸡公提起，也还是要在柱头上写字讳的，是为了掩煞那天的邪魔妖星，那就是说要不出一点问题。

问：起的时间是按照什么来安排的？

答：一般就是一天有二十六个小时，有六个是吉星，有六个是凶星，但是，我一般按照黄道吉日，还有一个就是黄道吉时，我就是这种方法来起扇的。

问：在修房子的时候，选屋基是非常重要的，这个是别人看好了您再去修，还是你去看？

答：别人看的和我观点一致，我就做。别人看的和我观点不一致，我认为哪个地方不好，我就不参与这样的事。一般要吉凶就在晚上祭鲁班的时候，把血滴在碗里就看到了，就分析第二天的发展和整个的出现什么情况，就看那滴血，到第二天像我这个颈椎上、中柱上都要点些血，它就是一滴血避凶险。敬鲁班一定要安静的时候。

问：木工师傅在做事的时候碰到哪里流血了，传统的止血方法应该怎么讲？

答：我一般止血也很简单，摘点草放在嘴里嚼两下，再说"邪功本心里，邪魔本心里，叫你莫流你莫流，叫你回头你回头"，再就画一个字讳，确实就不流，并且还好得很快。

问：升扇是一种精神的象征，它的目的是什么？

答：它基本上和我国的地形、地图相仿。就是我们原来说的"三山六水一分田"，说那梁口要高十公分，高三寸。为什么有些楼层升扇不平，像我们在升扇的时候，用篙杆在楼上再拖三寸，这个楼层就绝对的平整。为什么那个转角屋又叫冲天炮咧？他实际上在正屋扇列比厢房二列还要高三寸，冲天炮比升扇还要高三寸，"三山六水一分田"，就在原来盖茅草的时候，他用这个杉木皮就漏水，为什么叫六分水，比如说三只一米的桶子，就要高三六一尺八的水。六分水去盖茅草，就成了五分半或者是四分的水。现在盖琉璃瓦四分多点都行，那就稍微的平一些，这个没有什么硬性的规定，都是根据实际情况来的，在原始社会盖茅草就必须要六分水，你要是盖平了，那水就要滴下来。

问：在踩檐您主要用到什么形状，是波浪式等等?

答：你刚才讲的波浪式那叫吊檐。

问：您现在扦子的瓜瓜 ① 一般有多高?

答：大概在八十公分左右，就是说人趴在栏杆上就比较舒服。厢房的步水和正屋步水必须要有区别。土家族吊脚楼建筑要从土家风俗和传统的来说，这屋的形状，有很多的讲究：一是两厢中间隔起一厢，那叫公子屋，也叫枕头屋，这样的房屋就不离水；还有种叫丁子屋也不离水。再就是房屋没有骑筒也不行，就不形象化，按照农村的讲法就是你要有柱头，就是要有骑筒，骑筒就是代表后继力量，你光有柱头没有骑筒也不好，这个在农村也是非常讲究的。

问：拆房子变迁有什么讲究没，比如要不要敬鲁班?

答：没什么讲究，敬鲁班可以敬，也可以不敬；但是必须要请掌墨师做，然后在立的时候和修房子程序基本上是一样的。

问：以前做房屋的窗子的样式比较少，再说也不需要多少光照到房间里，现在这样的您是怎么改进的?

答：在农村，一般做窗子都是三个工、四个工左右，因为做手艺的人，不一定你手艺有多好，关键是看你主人家的实力有多大，但是师傅也要具备一定的能力。做窗子有个诀窍，我也和其他

_____

① 瓜瓜：方言，指骑柱下端雕的金瓜形状的装饰。

的师傅谈论过，哪怕做花窗、条窗也好，不管是六七根条子，但是两头的"拖篾"一定要宽。

问：那传统的窗子有哪些样式？

答：样式多，名字也多。像冬瓜圈、豆腐格、背打出、挖黑桃圆，就像核桃打开的样子，喜字、寿字、冬瓜窗、南瓜窗，做这些窗花的一般都是主人家有钱。

问：您这次做的模型都是按照真正做房子的比例吗？

答：是的，就是一比二十的。这个基本上都是和修房子的呈现的一样，眼子搞起来了之后，全部柱头搞好，就斗扇，再就像里屋那样，一排一排的安上去。

问：像这个模型这么小，但还是榫卯结构，您是用的什么工具来做的？

答：就是竹子和红漆料，也是统一先找材料。如要做多大的房子，中柱需要多少根，这些材料先做好以后再统一斗上去，但是还是像修房子一样还是有个篙杆，上面的枋就是用的牙签，按照

吊脚楼模型
湖北 咸丰
金晖 / 摄

这个比例，再就是钻的眼，没用钉子。因为这样放在那里也有价值，不会生锈。

问：您是做好了一扇一扇斗的吗？枋和楼枕您怎么弄上去的？

答：是的，那还不是像修房子一样的。枋和楼枕还是把它的长短一量再一扇扇的斗上去，就是很少做檐子那里。

问：在装神壁用材料有些什么样的讲究吗？

答：这个不管是神壁也好，还是哪里，有是一个方向，就是小头在上面，宽的在上面，包括装板壁。从整体来讲，这样的东西就是一个心理状态。

问：在祭鲁班的时候一般有哪些人在场？

答：就是主人家。如果是主人家很好的亲戚也可以，还有就是一帮师傅。敬鲁班的时候地点也不一定的，我在新房子找个地方也可以敬，在老房子里也可以敬。

问：您们敬鲁班是不是一定要在五尺上绑一块红布？

答：也就是说过去的时候一块红布也比较贵重，红布就是表示一些喜庆，也不是那么神圣。

问：您修栋房子大概要多长时间？

答：那就是青山修好了的话，那就快一些，全部在木料砍回来的称为"收山"。到了场地了，一般的都是一个柱头一个工。

问：就是在中柱上画墨有什么讲究吗？

答：关键的就是一个垂直度。一般就是篙杆一开就笔直画上去了，我一般就是把一面画完了。也有这种画法的叫"抓墨"，这种方法就不是很精准。

问：上次我们在宣恩问的就是母亲过世了，就修看梁，这边有这样的说法没？

答：这边没有这样的讲法，这边就是梁木比较大的改的一块，也有的是单独用木头来做，还有没做看梁的也有的。过去就很多挂灯笼都在看梁上的。

问：升扇了之后，是不是所有的穿枋也要往后升？

答：升扇就等于楼枕之后在上面拖十公分，所有的穿枋都上升了，就是要比正屋的都要高。像到现在因为都有各自的习惯。比如说我的尺比其他师傅的尺多一寸，但是做出来的东西是一样的；就是说这个看师傅们习不习惯，并不能说那个师傅做的就是错的，虽然都是鲁班的弟子，但是通过历代弟子的演变，鲁班师傅从来都不会修撮箕口，这是通过历代的弟子逐渐发明创造，根据地形，才形成了像吊脚楼这样的形制，所以说这样的就会有些地方忌讳和结构不同的地方，大同小异。

问：说中柱有个普遍的比大起高一公分，或者是高两公分，您们这边有这样的讲究么？

答：就是中柱要比骑筒、比"二锦"稍微高些，这就做"捶脊"。这个脊捶来之后就稍微高些，盖瓦就下檐看上去好看。

问：我以前在盛家坝采访的时候有个顺口溜就是"脊上要锁瓦，檐口要跑马"就是对中柱要升上去，升上去之后水就要陡些，按您的说法就是"捶脊"。

答：要讲正个木匠修建的话，木匠师傅只具备几种东西"斧、尺、锯、推、凿"，"锤、墨、抓、磨、锉"修造吊脚楼，两间老还做。就是这几种东西一个篙杆一个座干，篙杆就是你的"斧子"，再就是你的工具，"斧子"就是你的帽子，这是我总结的基本概念，你工具要具备，再就是你的两根篙杆一定要搞清楚，只要这些东西搞清楚之后，工具具备了，主人家材料搞好了，你就可以建造了。

问：您还能讲一些技术方面的口诀吗？

**答**：这个就太多了。比如说一个板凳就要讲究，要做得适当，"三八桌子，二八的凳，高一寸就矮一寸"它为什么叫三八桌子，三八二尺四高，"高一寸"也就是二十四再加就是二十五，"二八凳"二八一尺六就矮一寸，就是做一尺五，你就做大桌子和凳子的话就非常适称。"寸儿高寸儿长，三分四分架桥梁"这就是做推板儿壳壳的尺寸。像做八方门和六方门也有个口诀"要的六方圆，四九来开田"，那就是说宽就画四分，长起九分，就是一个长方形，再就是在下角这样画一下，那样画一下，当中一个十字墨，最好标准的就是一个六方的，这个就是六方不好画，四方、八方都好画，所以就要这么个口诀。它等于也就是一个公式。在农村修一整栋房子是那是少之又少，都是今年修几间，明年修几间。我刚才讲的，只要你把所有的木料上滚马①了之后，一个柱头就一个工。比如五柱二的房子，等于一边七根柱头，那就是四七二十八个活路。像有些主人家请的工人只能是干一些粗活，木匠师傅就做技术上的事情。其实，在木匠里面带过去的木工的工资基本差不多，掌墨师只是在排扇的时候，你说得多一些，主人家就给你多一些，说不出来，那就少拿一些。

**问**：您在修一栋房子的时候哪些需要看日子？

**答**：关键的就是伐木，就是上山伐木。动土与木匠师傅无关，与主人有关；二是立，假如中间要装个香火，香火选的日子一般不能离神，因为香火是神，再就是进大门，然后就是搬家。

**问**：砍梁木是不是必须在立的头一天？这一天可以不看日子？

**答**：那是，你必须在头一天做好了。也有的当天很早砍，然后立上

---

① 滚马：方言，指在木马上进行粗加工、去皮等基本工序。

去的，这就是根据木材的远近来说的。

问：是不是上梁要在 12 点以前？

答：那也不一定，在下午上梁的也有。

问：在立的时候大概需要多少人？

答：那一个柱头平均需要两个人，五柱四的房子最少需要 20 个人。

问：您装香火的时候有什么尺寸上的规定吗？

答：基本上也有尺寸，一般都要比大门要宽一些，大概在一米八和一米九这个样子。

问：装神壁的板子要求有点严格？

答：要说讲究的话，就是要一整个树锯下来是材料，做成板子，这是最好的，树的中间就放在神壁的最中间，依次树外面的放外面。"有就中柱兴，屋就六盘金"。

问：您讲得太好了，还有没有补充的？

答：讲得太多了，不知有没有用。

问：很好。因为时间比较晚了，今天就聊到这里，有时间再聊。谢谢万师傅了！

# 第十一章

## 天大地大师恩大

中国一直是一个尊敬师长的礼仪之邦，从古至今无不如此。在中国古代认为一个人有三命，其中第二命就是师造之命，把师傅比作父母，有"一日为师终身为父，是为师父"。在古代，民间各行各业都有传道授业的师傅，但要说除了教师这个行业以外，木工行业最为紧密，而且最讲究师徒关系，师傅领进门，修行靠个人。作为师者的职责，一是以上要顺人善性，扬其善而抑其恶；二是要顺道而为开人之创造。作为徒弟就是要承前启后，继往开来，成为万世典范。

"天地国亲师"是民间一直流传在堂屋香火中间的正壁上供奉神位的习俗，天地最大，师傅可以上香火，把"师"与圣贤和祖先的灵位同时放在一起，可以说对"师"的地位的认可和尊重。王清安师傅在谈到拜师学艺的过程深有感触，木工技艺活这碗饭是师傅给的，师傅相当于"养父"，所以在吃饭喝酒时要深刻想到师傅，师傅在身边，弟子隔三差五的在饮中相见，也就是说不忘师傅的恩情，"饮酒思源"在民间木工技艺传承中根深蒂固，反映出尊"师"是技艺中的"脉"的延续，而重"师"则是中国传统礼仪在技艺传承中的体现。

麻柳溪吊脚楼建筑
湖北　咸丰黄金洞
金晖／摄

王清安
湖北 咸丰黄金洞
金晖 / 摄

**传承技艺：** 木工技艺

**访谈艺人：** 王清安

**访谈时间：** 2015 年 1 月 28 日

**访谈地点：** 湖北省恩施州咸丰县黄金洞乡麻柳溪村

**访谈人员：** 金　晖　石庆秘　吴　昶　汤胜华　李　冉　张星星

**艺人简介：**

　　王清安，男，土家族，1958 年 12 月出生，初中文化程度，湖北省恩施州咸丰县黄金洞乡麻柳溪村人。1978 年开始跟随王昌举（王银山）学习木工技艺。

问：您是哪一年出生的?

答：1958 年 12 月出生。

问：您属于什么民族?

答：土家族，本来我们姓王的都是苗族，就在过去我们建州的时候土家族必须要达到一定的比例。

问：王师傅您有几个小孩?

答：两个。大的是儿子，2000 年在建始武校毕业，现在黄金洞街上；小的是女儿叫王艳，2014 年湖北民族学院毕业，现在民大医院上班。我自己有八兄妹。

问：您是哪一年开始学习木匠的?

答：1978 年 2 月开始学习的。

现场操作
湖北 咸丰黄金洞
金晖 / 摄

问：您跟着师傅学了多长时间？

答：跟着师傅就是晚上一天做起，就跟我讲，后来就跟着其他人操作，白天操作了晚上师傅就问你问题，看你答得到不，1979 年师傅去世，1980 年就开始自己掌墨。

问：是不是和姜胜建、谢明贤是同一个师傅，您师傅叫什么名字？

答：是的，师傅叫王银山，书名叫王昌举。师傅取王银山这个名字是有依据的，也就是说师傅传法必须要有个法名，王银山就是师傅的法名。

问：师傅给您传法了没？

答：那肯定传了的，"过职"①，不"过职"别人不会请你修大房子。我们"过职"包括纸、鸡公、衣服、鞋子、袜子等等，师傅就在坡上把五尺拿着竖上去，好比就是他也要跟祖师爷说下，就是我的徒弟就交给你们所管，就是"茅山传法"②，九老十八匠都是茅山传法的，凡是这样的手艺人都是茅山传法。在以前传法的时候就是要拿丝茅草，就是说立起来了，师傅说我们只"喊一二三"就行了，一二三、一二三师傅让我们学茅山，这些仪式就是师傅一个完整的交代。那个时候不能信鬼信神，因为当时就是"破四旧"，像这样的仪式很多都失传，就是因为当时禁止搞那些。

问：您现在的"茅山传法"有没有传徒弟？

答：舒邦雄传了。

问：您带了几个徒弟？

答：六个徒弟，这几年都去修大桥去了，还有一些就在打工装房，

① 过职：指学木工出师时举行的仪式。
② 茅山传法：指学木工出师的在过职时，师傅把徒弟带到僻静的山坡上传授的一些方法，自此以后徒弟可以独立去做木工等工作。

吊脚楼建筑模型局部
湖北 咸丰黄金洞
金晖 / 摄

因为装房一天三百多一天撒，我们这个一天才一百多。徒弟叫舒邦雄，五十一岁；舒邦志，四十八岁；陈明安；王章林，六十几岁；陈明轩；王坤，三十六岁。

问：姓王的是不是您的亲戚？

答：是的，王坤是我的侄儿子，因为他和他媳妇出去打工去了，还要送小孩上学，就没有做这方面的事了，本来他是最出名的一个。

问：像过年的时候都会给您来拜年吧！

答：有的会来，有的没来，不一定拜年的时候来，平时也会来下就可以了。

问：他们出师的时候有没有仪式？

答：那肯定有仪式。

问："过职"有些怎么样的仪式？

答：那就是谈话，这个仪式以后就是说你出去可以单独修吊脚楼了，可以当掌墨师了。

问：您们传五尺是什么时候?

答：那就是这个时候，"茅山传法"等于就是一个牌位，有资格了，就是要让其他人知道他"过职"了。我再传徒弟就是要把自己的五尺给徒弟，一定要师傅用过的，然后我自己再去做。现在找毛桃子树不好找，现在一般用苦桃树做五尺。以前正规的是要桃子树，并且要听不到鸡叫的地方，现在这样的树哪里找得到。那个就是弯尺一样的，现在没有哪个地方听不到鸡叫，这种说法也是祖传的。

问：您传法时的口诀，您记不记得到?

答：传法其实口诀不多，请上师……，就是一句奉承话，最后一句话就是记住记住永远记住，记住的时间就是生辰八字，比如我就是1958年12月27日卯时生，这个就是最真实的、完整的，你记不到师傅这个生辰八字出门也就不一定会好，说不定还会遇到凶险。我们的师傅是丙午年二十七号出生的，也就是说你吃这碗饭都记不到恩了，你还去做什么? 就是说天地为大，师傅可以上香火，你就不能去，以前是君，现在是国为大，等于就说师傅就是你的"养父"，像我以前是不喜欢喝酒，但是师傅喜欢喝酒，师傅说："我跟你倒点，你天天跟到我，那你都不喝酒，那我就不是没得酒喝了"，我们在喝酒的时候，放三个杯子体现关心的像"师傅在的身前，师傅在我身后，师傅在我身左，在我身右"。弟子隔三差五……，弟子饮中相见，就是靠这些来保佑我们。你不管怎样，这碗饭是师傅传给你的，所以说我们所有的东西还是靠他来，就是每次和师傅出去，做了一项之后师傅就会问你，看你答不答得上来，比如说在伐扇的时候有钻几伐、上梁等，还有敬菩萨就是前后左右都让开，要用好稳处，在以前我们都知道这里不能碰那里不能碰，像我们师傅就知道，

"扎马子"我们不扎，就是这么交班，我们弟子功夫圆不圆满。

问：您们这边扎马子叫什么名字？

答：起安，就在旁边烧点香和纸。

问：您们起安从开始到结束整个程序是什么样的？

答：先烧香烧纸，再念口诀，再念的时候就是大拇指要弯曲，任何用手抓住，"启眼观晴天，师傅在身边；师傅在我身前，在我身后，隔山喊隔山应，隔河叫隔河灵，不叫自准，不叫自灵。"念完佛事，便安"煞方"，口中念道："天煞，地煞，月煞，日煞，时煞，拖三榨木马煞，一百二十星宿煞，邪魔妖星，弟子赐你长凳正坐，不惊不动，吾奉太上老君，急急如律令。"

问：您是不是一边念，手就要一边做动作？

答：是有动作，最后脚蹬一下地就算完了。在敬菩萨的时候开始就画

吊脚楼建筑模型
湖北 咸丰
金晖／摄

字讳，画鸡公，一般都是画二十八个星宿，等于就是雨金耳，这就是起安，敬鲁班画这样的字讳，但是，敬鲁班还有一个字讳，那就是十几个字讳，这个就是祥符，一般是不能念出来的，像"发锤""发扇"的话就必须要念到其他人都听得到。把鸡抓到，掌墨师说："天上金鸡叫，地下子鸡啼，早不早，迟不迟，正是弟子发扇时。说此鸡讲此鸡，说起此鸡有根基，昆仑山上生的蛋，凤凰窝里鸡长成。一只鸡飞天上，取名叫凤凰；二只鸡飞到山上去，取名叫金鸡；三只鸡飞到竹林，取名叫竹鸡；只有四只鸡飞得好，飞到了弟子手中，凡人拿来无用处，弟子拿来俺煞鸡，俺煞归天堂，俺地煞土内藏，俺南煞归学堂，俺女煞归绣堂，拖山榨，木马煞，一百二十凶星恶煞，弟子用雄鸡来挡煞，此鸡此鸡不是非凡鸡，生得头高尾又低，要红的带红气，要血的带血气，弟子红花落地百无禁忌。"

问：您们是拿着什么样的工具"发锤"？

答：就是打的方方的那个，用木头做的来发锤，因为那个可以打得响，发锤时要说"嘿，弟子手拿一把锤，此锤不是非凡锤，青天降下一把锤，上不打天，下不打地，又不打人和六畜，专打五方五类邪师，是光头和尚怀胎妇人。"就是这样的，你没有鲁班到此，我们属于梁工，鲁班到此，你就要请上师到此撒！等于说鲁班委托梁工，我们就代替鲁班。

问：像这些都传给您徒弟吗？

答：是的，这些我们都传了的，这些是最起码的。就是徒弟要能修得好一栋房子才交给他，自己不能修的话，你交给他还要赔主人家的材料费，就是传给你五尺了也是没什么作用的。就说个简单的，"伐青山"老板说我修多大的房子，有多少间，有多少材料，那你心中一定要有数。"升扇"有个特点，一是檩子要小

252

些，因为它不是一样大；二是就是说升檐起翘、四角八挑，必须要立正，堂五间和堂三间的都不一样的，升的时候必须要有弧线，升得不好的话梁口就不直了，它是呈自然规律，自然形状的，要掌握它的一定比例。

问：您们做的"龙骨"在不在伞把柱上面？

答：我们做的都在上面，直接在伞把柱上面。

问：但是，下面的"马屁股"转角是怎么撑起来的？

答：本来就是这样的，就是降一步水就少一步水，三步水和四步水是"骑筒"上面的，实际上就是在那个半列的大骑上"可三八二"可两步，就是必须要呈九十度的角，再去架角，才能行。本来说这个吊脚楼装饰的样子，主要还是要看它的结构。

问：那您觉得吊脚楼的结构主要特点在哪里，怎么断？

答：第一，就是根据地理位置，就必要和坎坎连起来。第二，就是利用价值，主人家必须在吊脚下养猪、放柴等，像麻柳溪很多房子就是先修正屋，再修厢房，再吊下去。比如我最小的兄弟就是吊了两层，这样的话，下面利用价值就很多。在平地上建房子就不可能产生吊脚楼。

问：您刚才讲的是从吊脚楼的地理位置来判断，从结构上是从哪些方面判断是本地的吊脚楼？

答：那就是吊脚楼的下下角上的"扯枋"，或者说下一寸枋，本来说吊脚楼没得那个枋，是要看位置的，这个叫"扯角枋"。吊脚楼就根本不需要这个枋，第一，占位置，第二，下雨的时候就会打湿了。这个几柱几就是流传下来的，比如说五柱四的房子，没有"猫洞"，为什么"鸦雀口"跟堂屋是一回事，一个大门神壁是一样的，堂屋敬菩萨就是他们坐的位置，所以说神壁方要高八分，就是引神的意思。像"前拖"来说就是阴神，它的大门枋不能顶天，就是说人死了不能往大门口进，就必须要往"雅雀口"进；这个大门矮八分，神壁高八分，就是阴魂升天的意思。

问：我们都说土家族的吊脚楼最大的特点就是伞把柱，是这样的吗？

答：吊脚楼没有伞把柱，转角上没有，只有在棚角，棚角本来有是马屁股。为什么我们要修得像马屁股，第一是楼上的空间大，第二是马屁股就稍微容易做些，一般都是属于"枕头水"。只有棚角才有伞把柱，我们这边没有不太讲伞把柱，其实伞把柱是和棚角一样的。我家是这个房子有百多年了，上面是打磨了的。

问：凉亭桥和风雨桥有什么区别？

答：就是风雨桥，就是叫法不一样，就歇凉。风雨桥歇凉避风躲雨都可以，凉桥那就纯粹是为了避所。

问：那您们这边做风雨桥是不是上面有放个什么东西？

答：以前是要画字讳，现在这样的都属于国家的公益事业，就不搞那么些。不过有的私人会画字讳，就是保佑不偏不倒，以前修桥是根据风的方向，然后再来建造。现在我们都是先测方位，然后再建桥。像我们在毛坝就是这样的，那个桥修的非常好，就是风大了，吹垮了。

问：是不是修桥的时候在桥头放个桥神菩萨？

答：以前，包括以前的公桥，有个"斩龙刀"，就是因为那些龙不敢抬头，就打桥，以前就在把斩龙刀，铁做的插在桥的中间。

问：您们这边做窗户有哪些样式？

答：以前就是一个王字格和冬瓜形，现在有些地方搞旅游开发样式就变得多了。传统的就是王字格，就是里面有个圈圈和冬瓜形。你们等下可以去看看刘家院子里两个雕的窗花，那这个就是大财主才雕那样的窗花，有几十个活路才能完成。

问：有没有雕字的？

答：以前我们没看到过，传说冬瓜形就是王字格，因为这种样式的窗花不多，王字格打了就要瞎眼睛，一般用得少，其实王字格是个字讳，内行就知道，所以他们也一般不会打，这些都是鲁班师傅传下来的，我们就继承。还有个状元格，这个就是直的格子。

问：您们这边有没有说的铜钱格？

答：这个比较少，这个就是中间的四个方形，以前的铜钱格就是一个大的一个小的组合而成的。

问：做这些的尺寸一般是怎么样的？

答：像王字格宽度一般是二点五公分，厚度一般的一点三三公分。

问：您们现在做的房子，哪些房子还存在？

答：基本上麻柳溪这些新房子都是我们做的，起屋、排扇基本上都是我们做的。我们还去毛坝、金龙坝、大漆坝基本上都去做过活路的。我们县里面搞这个活路还是 2009 年开始的，但是当时政府不是很重视，等于说张良皋老教授来看了，政府才开始重视的，他来我们这边也是好几次了。要说咸丰原先老县委那些房子，"文化大革命"的时候毁坏了，那真是可惜了，那房子是我们师公亲自修的，那个房子是七柱六的房子，材料也是非常好。

问：您们这边修房子有没有看梁？

答：我们这边少，本来看梁就是那个梁木要大，也就是说按照比例主梁要大。现在的梁木小了，改看梁就不像了，就是不协调、不好看；从大门上看，这个要从主料上改的，并且需要一整块料才能改，就是说主梁大些，那看梁就可以小一点，薄一些。现在树小了也就改不出来。

问：一般现在你们做活路要多少一天？

答：一百八一天。

问：您在做窗花的尺寸是怎么样的？

答：这个是根据房子的高矮、宽窄来定的，没有固定尺寸，关键就是要协调、好看，但是一米的个最基本的。还有一个就是扦子的高度硬是国家规定的，以前有八十公分、九十公分，现在至少要一米一，就是怕人掉下去，以前就是九十三公分（二尺八）往下坐，这是最标准的，相比现在的扦子协调些、好看些。现在就是担心有人喝酒了等等掉下去，这个也就是现在规定的。

问：您们这边有没有把吊脚楼修成四合院型的？

答：有。比例是个五柱四的房子，那正屋就是五柱四，厢房就是五柱二，那边就是三柱二，它要一步矮一步才行。如果这样形制是吊脚楼到处都是一样平，那也不允许，即使是做出来也不好看。

问：您们这边"吞口"上有什么讲究？

答：等于说就是辟邪的，就是说前面有个芝麻枋，挂灯笼，就是两边都伸出来。

问：您们这边的挑向上有什么说法吗？

答：没有什么说法，因为挑带点弧形，一是好看，二是向上有力，不会往下掉。一般的挑都是需要树兜料来做。像我们做房子挑必须在楼枕上面或者平楼枕，"楼枕下挑，辈子不成腰"就是不顺的意思。"天空一地空"，就是说为什么中梁要对半分，大概一样，就是说第一高楼为天空，第二高楼为地空，斗楼枕的那些都称为天空。

问：您们这里的冲天炮称为"猫洞"，因为高一些和眼子多些，那冲天炮是不是伞把柱？

答：不是。有棚角就没伞把柱，但是棚角棚得长有伞把柱，棚得窄就没有。最起码有退得到一步水，才能有伞把柱。升檐掾脊就是掾中柱那一柱，就是在开篙的时候掾八分，这些都是为了好看，它才能形成弧线。

问：翘檐除了美观以外，还有没有其他的作用？

答：没有。升檐之后瓦也好盖，水也好滴，水就不会滴到阶檐上来。

问：这个升的话要怎么升？

答：一般都是挑上升一寸，檐柱就要升八分或者是六分都可以，中柱升八分。

问：王师傅你们制作模型，您觉得这个有没有起到传承技艺的作用？

答：搞这个目的就是这样的，关键是看它的形制和结构，是怎么样斗上去的，高矮，鸳鸯榫。

问：在制作这些模型的时候，那些仪式还搞不搞？

答：这个肯定不搞。

问：您们在装门的尺寸上有什么讲究吗？

答：现在高矮也是根据房屋的大小换定的，至少要一米八至两米的样子。但是宽度上有讲究，就是大门是财门。

问：就是说还是有基本的要求？

答：是的。

问：其他还有什么讲究没？

答：没有了。

问：好的。添麻烦了！谢谢您！

# 第十二章

## 一股银水往屋流

构木为巢，择穴而居，人杰地灵，山环水抱必有气。民间非常讲究"地善、苗旺盛、宅吉、人兴隆"①，所以在修屋建房要选择山环水抱的地方，可以让房主人人丁兴旺，财源滚滚，这当然属于一种心理因素在作祟，说到底民间百姓还是比较讲究功利性的，在修建房屋是人生中立业的大事，居住环境的好坏，可以享受到丰富的资源，所以在修建过程中的仪式中体现出来。

在土家族地区修房建屋有很多禁忌，早年实行土司管理，土司王对老百姓"只许买马，不准盖瓦"的政策，在修房建屋时只能够盖杉树皮、茅草，但是在选择地基、砍伐木料、上梁、装神壁、踩财门等是讲究仪式化的过程，注意用吉祥的语言和物件。譬如说，伐青山就是选椿树等树木做柱头或梁木，谐音"春"，寓意子孙旺；再如上梁仪式中的赞梁，主要是说的奉承话，寓意房屋主人发家致富；还有装神壁，神壁尺寸不离八，还要把尺寸放在门规尺的"生"字上面，神壁的木板也有讲究，可以装七块，也可以装九块或十块，树兜向下，树尖朝上，中间的一块木板两边是公榫，而且神壁的木板大小宽窄一样。

除了在木匠师傅来修房子的过程中比较重视仪式以外，在木匠师傅装完神壁收拾工具准备回家时同样也比较讲究，但师傅不能空手回家，主人家要给师傅封一个红包，师傅要返回给主人家一个红包，师傅这时要面向神壁说讲发财的奉承话，寓意"一股银水往屋流"，就是财只准进不能出。当然这是指在仪式上比较重视，同样在房屋的样式上也比较讲究，在经济条件比较富裕的人家，往往把房屋修成四角天井的样式，其目的就是把屋顶的雨水让其流入自家天井的水池中，美其名曰"肥水不流外人田"。可见，民间修房建屋不仅仅注重仪式感，最终目的是带有一定的功利性，希望天地之灵气与房屋建筑形成生气聚财之格局。

第十二章　一股银水往屋流

---

① 张述任、张怡鹤：《黄帝宅经》，团结出版社 2009 年版。

姜胜建
湖北 咸丰黄金洞
金晖 / 摄

**传承技艺**：木工技艺

**访谈艺人**：姜胜建

**访谈时间**：2015 年 1 月 28 日

**访谈地点**：湖北省恩施州咸丰县黄金洞乡麻柳溪村三组

**访谈人员**：金　晖　石庆秘　庞胜勇　汤胜华　张　倩　李　冉　张星星

**艺人简介**：

　　姜胜建，羌族，1954 年 12 月 27 日出生，高中文化程度，湖北省恩施州咸丰县黄金洞乡麻柳溪村人。1971 年开始跟随父亲姜海清学习木工技艺；1978 年到 1989 年任村支部书记；1992 年到 2000 年任村主任。

问：姜师傅您坐，我们问您一点情况？

答：其实我们和王师傅、谢师傅都是一个师祖教下来的，大体的东西是一样的。

问：您的文化程度是？

答：是高中，是两年制的，黄金洞高中 1971 年毕业，那个时候是区公所。我开始学这门手艺的时候是我父亲教我的，我就算是王银山的徒孙去了，但是我在九几年才拜师，我师父就是靠到我家（住），和我父亲的关系比较好，他就说你要拜个师才行，所以我才拜了师父，等于说我就两个师父了。那时候我父亲哪里有活路我都跟着去做，一直到 1983 年我才一个人慢慢地开始自己做，这就是整栋吊脚楼能修下来，包括正屋转角。1981 年师公跟我讲，这一年师父去世的，之前在我家里玩，说我还是要去找个启蒙师傅才行，所以说传这个五尺的师傅叫金树林。

问：您父亲叫什么名字？

答：姜海清，我父亲的师傅叫王显廷。"入口传得师傅"就是你自己的师傅传授给你的知识，也就是说一定要师傅传弟子，那些东

建筑模型
湖北 咸丰
金晖 / 摄

西才能起到作用，其他人传的不行，像师公传的都没有用。最后就是要师傅讲"你乱中乱好，百中百名"，真正传你这句话的就是启蒙师傅，师傅没讲这句话你拿了五尺也不起作用。

问：您是先跟着父亲学的？

答：基本上做活路都是跟着父亲。

问：那您跟您父亲有没有拜师？

答：自己的父亲还拜什么师咧！这个父亲不能收我当徒弟，但是父亲可以教我怎么做，所以后来就是师傅——金树林传给我的五尺。

问：您的五尺除了尺量还有其他作用吗？

答：它除了我们在修房子的时候祭鲁班，格外就没什么作用了。它就是像一个牌位，平时就挂在家里的，就像说的一年之中，起安就搞个大起大安。谁家请我修房子，晚上就拿过去祭鲁班。但是碰到在外面修房子的时候，比如我们在咸丰县修了几栋，那出门的时候五尺就要带过去，那路远了你不可能回来拿吧！我们在开篙的时候就必要用鲁班尺（五尺）开篙，开篙就是整栋房子的尺寸都是一条竹竿上。首先这个修房子本来所有的尺寸都应该心中有数，装在脑壳里，像你要修个转角、修个三柱二不管那么陡，你脑壳装不到尺寸，就做不下来，你的篙干尺就画不出来。篙干尺里面有眼子，水步等。

问：篙杆上还写鲁班字吗？

答：那不需要，就刻个尺寸，这个就根据房子高矮来定的。在这里就要特别说下冲天炮，因为冲天炮是到处都是榫孔，四方都的眼子，你如果把篙杆尺搞错了就斗不进去，像有些在修冲天炮的时候为什么把整个篙干尺放在那里，如果这个搞不好，那上上去梁就步不到水，那就梁没有伸出。

问：那您们一看别人画的篙干尺就知道是怎么样的?

答：是的，只要我们一看，就知道。制作的篙杆合理不合理只需要用手指一笔画就知道。

问：篙杆是不是根据中柱来算的?

答：那肯定是的，开篙为什么要最长的柱头？那就是中柱最长，不管修什么样的房子，都是根据主人家的中柱来算的。但是定几排那就是根据修房子的师傅来定，有时候也会根据主人家的材料来定，有的弄四排，有些弄三排，材料多就弄四排，少就弄三排。

问：冲天炮一方的朝向正屋?

答：它的一方朝正屋、一方朝厢房、一方朝后屋、一方朝那方。到正屋和厢房的都是要搁楼枕的，它后面半边的斗起来的，为什么反角挑，为什么没有谁叫它"反角挑"，因为要爬下去才能看得到，它斗在冲天炮上。厢房过来才是大梁子，厢房的中柱斗在冲天炮上的，它要矮一步水，厢房搭起的檩子上的。像这次模型大赛的时候，有些就是做得不切实际，如果说按照他们那种样式，上瓦上去的话，那根本就无法使用；因为那里承受不起那个重量，就是少了一个"反角挑"，没有这个如果是真正的房子的话，那就没作用，因为那里承受不起那个重量。就这次作为真正传承的话就必须按照比例、尺寸，不能说做成那种形式就可以了，我们做的就是虽然做不好，但是，我们必须按照规矩传承下来，就是我这次模型的是完全可以实用的。居住人家的房子与庙不同，庙是越翘越高就越好看，也是一种文化和形象，你自己住的房子就不能超过那个檐柱弯度，也就是不能弯得太起来，我们这种做法既可以给主人家节省材料，底下面也好安排。

建筑模型
湖北 咸丰
金晖 / 摄

问：您现在带了几个徒弟，跟你拜过师的？

答：呵呵，我父亲的徒弟一直都是我带着的。

问：那您父亲带了几个徒弟？

答：包括我就两个。但是，另一个徒弟等于是我在带，他叫姜玖泉，59 岁。今年我们还一起做了事，他就一天好玩，整个基本上还是我来做，他不认真，半天斗不到冲天炮上。

问：您是一直在从事这个事，还是还有其他职业？

答：从 1978 年到 1989 年在我们村当村书记，后面又当了几年的村主任，是 1992 年还是 1993 年开始当村主任，一直到 2000 年，接着就搞公路，2000 年后我就到浙江去了，大女儿在浙江。

问：您有几个小孩？

答：两个，一个在浙江，还有个小的跟着我一起，两个都是女儿，现在总共有六口人了，外孙明年读高三。就是你们刚才讲的王师傅的屋，那个是我没学会几年我父亲掌墨，我来管理，大概是 1989 年修的，三间和转角是一起做好的。

问：那是多大的房子？

答：五柱四的房子，那个时候是最大的房子，有三层，就是在羌寨里面，就是挨着广场的那栋转角吊脚楼，那是三楼的两层转角。

问：您们在改旧的柱头应该怎么做？

答：重新弄，那篙杆尺来比画。

问：篙杆尺有多长？

答：这个没有一定的，一般都是两节，因为篙杆尺一般有两丈多高，您拿那么高的不方便，就把它弄成两节。

问：这个篙杆尺有什么讲究吗？

答：这倒没什么，就是要求直一些。

问：篙杆尺上面第一个画的什么？

答：整个的长度，二丈五八，一丈五八，然后就是把竹子分成两半，第一楼起码有比第二楼高一尺左右，因为这样二楼比一楼高一尺半，我们从远处一看就不塌下来，有起翘的作用。第二挑不能靠檐。因为靠檐，就不好看，挑的高矮必须按材料和房屋的高矮来定，如果你翘高了，你挑矮了，那就转不过去。但是也有地方出现转下口的，就是硬要往下拖几步水的会出现这样的情况，那这种情况就与正屋没关系了。

问：这个拖几步水到底是根据什么来定的？

答：一是位置要宽点。二是位置摆不下的时候，后面就拖两步水，就是为了起到房子变宽。但是一般是五柱二的房子就必须在后面拖水。五柱二的房子堂屋一般留几步水，有两步退的、三步退的，最多两步退，就是把它搞在檐柱上。

问：神壁是在骑柱上是吗？

答：这要看你神壁的方向，神壁一般是七到八寸。

问：神壁后面一间房子叫什么名字？

答：退堂，这个一般都不住客的，一般都是做楼梯间，放点东西。一般不会住人，因为退堂属于阴，前堂为阳。像刚结婚的、老人家一定不能住在退堂，退堂的楼上装修是可以装，装好了最多也是男客在那里睡一晚上，这没什么问题。如果是长期住的话那就不行，因为都属于阴。像在中柱后面都属于阴，中柱就是一个边界，以前以后，阴阳相和。

问：您现在大概修了多少栋吊脚楼？

答：那吊脚楼一定是有吊子的，才能叫吊脚楼，有转角的都不一定是吊脚楼，所以说才修了七八栋。如果是平地的都不属于吊脚楼，那样的房子称为转角楼。只有厢房才称为吊脚楼，吊脚楼不属于正房之类的。吊脚楼必须是吊在坎坎下的。

问：我看到很多房子的堂屋没装大门，这是为什么？

答：现在有个这特点，就是休息、办事。如果装了大门堂屋就变黑了，再说堂屋里也不需要放什么东西。以前装就是怕强盗，现在很多装好了还把他拆了的，王师傅家里就是和面拆了的。正规的来说的话就是大门装上，家里阴暗些，因为光线暗，阳气少些。现在就是国家为大，领导人为大撒！本来神壁上为什么安个板板和香火，那就是祖宗为大。

问：您们在摆放香火的时候有些什么样的讲究吗？

答：有讲究，它的高度和宽度都是有一定的尺寸的。它那个神壁是一个生字，神壁的尺寸不能离开八这个数字，还要放在生字上面，生字上面也不能离八。如老板请我把神壁装好了，不装神坛，写这个字都是用手画。为什么神壁，要神位？那肯定是你想有个位，位字必须坐起来写，这是木匠写的，写香火中间几个大字，比如说写天字，就是人不顶天；地，地不离土；国，国不开口，以前是君，现在改成国为大；亲，亲不离木；师不戴

水晶坎吊脚楼
湖北 咸丰梅坪
金晖 / 摄

帽；位不离人，位字你必须坐着写，还有就是写位字一定要和人字连接起来，这些都是师傅说过的，这个就是那排香火的时候才用的，现在一般安香火都是请先生来，像我们来安的话，东边几个字是先生来写，我们写这边是"天地相和或天地相大，红日还乡，一尺七乘三，香神位"，这些字一般是写在七块板子的第二块，从左手边开始数，这些字不能写在中间的。写天地君亲师也就是说古今文武通知，安香火那个为大。七文堂最后问为什么水改变，就是说天地这是任何东西都离不开的，君亲师位这几个字都离不开。

问：您们在做香火的时候上面那块板子和下面那块的高度是怎么定的？

答：他是根据尺码来定的，根据生老病死苦，那就是放在生字上。

问：做香火的材料有要求吗？

答：那个没什么讲究，以前的神壁板子是梁木的第一节，也就是树兜的那一节，上面的块数要不就是七、九、十一块，反正只能是单数，因为中间的一块是中心，并且两边的木板块一样大小的。"坡山底"底子下去独角孤留砥柱，这里说的柱一般是中柱，最后木匠走的时候，就必须说木匠的根据了。这些也就是给主人家讲的奉承话，我是鲁班传的，我是他的弟子。

问：木匠出门要做些什么咧？

答：就是老板有礼物。就是掌墨师有两对粑粑，你就拿一对，给主人家还一对，但是平时要封了红包，那你就要给老板回个红包，就是掌墨师的背篓在老板家，你去拿背篓不可能空着手去，师傅说的"只能说进不说出"，意思就是要进财，"就是一股银水往屋流"，这个也只能朝着老板家的中堂说，只要背对着中堂要走出来的话，就不能说了。

问：那您第一天进门的时候讲什么？

答：这个没什么规定。

问：您还有什么补充的？

答：没有了。

问：好的。谢谢了！

# 第十三章
## 三山六水一分田

土司城白虎崖
湖北 咸丰唐崖
金晖 / 摄

　　"风水"在土家族地区很看重，不管是修房建屋的"阳宅"，还是埋人的墓穴，"阴宅"都是很讲究风水。风水又叫"堪舆"，是阴阳之道的一种俗称，堪称天道，舆称地道，堪舆是研究天地之间的关系，讲究阴阳五行，注重山水形峦，在空间形象和时间序列上都想起到天、地、人合一的作用，所以才有选地基、建房、装屋、摆设达到最理想的状态。

　　在当代，修房建屋比较注重生活环境，讲究自然生态的和谐，达到英国前首相丘吉尔宣称的人造房屋，房屋塑造人的效果，但是依山，可以防止水灾，还可有取之不竭的生活资源，傍水，还有食用、灌溉、运输等等优势，从风水学的角度讲"山主贵，水主财，方向主运"[1]，就是把人与建筑、人与自然之间的相互协调，达到天、

--------

① 孙景浩、孙德元：《中国民居风水》，上海三联书店 2005 年版。

地、人的合一。

土家族地区以木结构的吊脚楼居住为主，建筑选址以左边是青龙，右边是白虎，前面是朱雀，后面是玄武等山势地貌为理想的建筑场所。同时在修建房屋过程中，还要注意房屋的匀称、平衡、各部分功能结构的实用性。以前的房屋的屋顶都是盖茅草或者杉树皮，在扩檩子的时候，两根檩子之间距离宽了，茅草或树皮就盖不了，不然就漏水，所以，木工师傅在修建的过程中，在立两边的扇架时要向上抬升三寸左右，主要是基于屋顶的平衡，而檩子之间的步水就按照一尺八左右的距离排列，这样利于盖茅草或树皮。同样在柱头上打眼子画墨线时要留有一分的余地，不然出现错误以后不好处理。

木工技艺里面经常有"三山六水一分田"的经验之谈，这次采访谢师傅也谈到了这个问题，我们刨根到底，终于"打破砂锅问到底"了，其实这是古代人类的智慧结晶，他们很早就对地球上的地形地貌有了一个初步的认识和总结，民间形象地把地球的地形地貌特征用"三山六水一分田"来概括，主要是指地球只有三分的山和陆地，六分的海水，能够耕种的田地只有一分左右的面积，说明了人类对地球环境的研究和重视。而土家族地区的木工师傅把这种描述地形地貌特征用到建筑修房建屋中去，形成了木工技艺中的基本法则。总的来看，这也是民间艺人巧借传统文化中的知识为己用，是人对建筑及环境的理解，把建筑的结构与实际应用结合在一起，是成功总结木工技艺的结晶。

谢明贤
湖北 咸丰黄金洞
金晖 / 摄

**传承技艺：**木工技艺

**访谈艺人：**谢明贤

**访谈时间：**2015 年 1 月 28 日

**访谈地点：**湖北省恩施州咸丰县黄金洞乡麻柳溪村五组

**访谈人员：**金　晖　石庆秘　吴　昶　汤胜华　李　冉　张星星

**艺人简介：**

　　谢明贤，男，土家族，1945 年 12 月出生，小学文化程度，湖北省恩施州咸丰县黄金洞乡麻柳溪村人。1968 年跟随王银山师傅学习木工技艺。1973 年出师；1975 年至 1978 年任大队主任；1979 年到 1984 年任大队书记。

问：您们在当时有师傅带你们吗？

答：做活路有师傅带我们，到哪里去修都是生产队说了算。

问：您们当时主要是集中在哪里？

答：黄金洞乡这一带，茅坝街上也去做。

问：您们那个时候政府部门修不修吊脚楼？

答：政府部门不修，我们一般都是修私人住的，那个时候每个生产队一栋大楼，大家集体的场所。

问：您那个时候生产队大概有多少人？

答：反正那个时候多，当时我们村最多有十四个生产队，每个生产队有一班人是专门做这些活路的，每个生产队有师傅和徒弟，我那个时候还是当徒弟，我是生产队长、会计。还在村里面当了主任、书记，当大队书记、会计是 1979 年到 1984 年。

刘家大院吊脚楼
湖北 咸丰
金晖 / 摄

采访谢明贤等师傅

湖北 咸丰

金晖 / 摄

问：当时您们一班人有几个人？

答：一班出门的有六个人、四个人，最多不能超过十个人。

问：您当学徒当了多长时间？

答：跟师傅也没学多长时间，就是跟我讲了一些做木匠的原则、
内容。

问：那画字讳都跟您讲了没？

答：讲了。

问：您带了几个徒弟？

答：两三个。现在都没做了，都在搞自己的活路，不过现在还都能
做，并且有的还比我很些。我好像在五十七八岁的样子，两个
人修了一栋三层楼的房子，跟我做的模型差不多的，五柱四的
房子，具体的工作才搞了四十几天，这个房子就是在下去沟的
上面一点点，还可以看得到。就是我跟我徒弟两个人把那些材
料准备好了，最后徒弟搞不成，就再找了个帮手。那时候年轻，
我可以有一天洗一排眼子，我也可以一天挖一排眼子。我一天

可以出三十几批枋，那时候没有机器，都是用的刨子搞的。

问：您这次参展的模型做了多长时间？

答：大概二十几天，工作量比较大，那个还是我急到起干起来的。

问：您以前是不是也做了一些模型？

答：上次有四个模型在做，家里现在没做了，当时就是文化部门叫我做。

问：有没有给您工钱？

答：那两个模型给了我一千块钱。就是我第一个模型还在恩施去展示了的，就在主席台旁边的那个，那个比例还要小些，是一比二十四的，总的要求不能超过一米二，我做的有是五柱四的房子，并且有的两头转角，这个也才做了二十几天。修房子就是我和王清安修得多些，是师兄师弟的关系，我1973年就出师了，

木工技艺传承人口述史研究

现场采访
湖北 咸丰
金晖 / 摄

278

王师傅好像是 1978 年出师，我们的师傅叫王银山。王银山等于是王师傅的伯伯，当时我们学的时候师傅也是五六十岁了，他是 1980 年去世的。

问：您师傅多大年纪去世的？

答：六十几岁。

问：您出师的时候谢师了没？

答：谢师了。鸡公、猪头、衣服、鞋子等等都给师傅买了的，还要给师弟红包。因为那个时候经济不好，也没给师傅买什么，但是师傅还是感谢我。五尺在我家里给的。

问：给五尺的时候有什么仪式吗？

答：茅山传法。

问：这个是怎么传的？

答：就是跟他的上师一讲，然后交换下师。

问：是在家里传还是在坡上去传？

答：坡上。基本上我和王清安师傅都是自学成才，看到谁怎么做，他就可以做得来了。

问：一般刚开始学的徒弟是不是刷一些毛料？

答：是的。

问：您会不会做家具？

答：会做，刚开始的时候我就是自己打箱子放我会计账本。我们那个时候是做的古代的家具，不用钉子。

问：您打家具主要是做什么？

答：像那些衣柜、座椅板凳都做。现在打个家具也不划算。

问：打新人床有些什么讲究？

答：这种床叫"六和床"，反正不能少六这个数字，宽度和长度要有六，我做的一般是四尺零二分或四尺二，长度就是六尺六或六尺零六。

问：有没有这种说法床不离半?

答：这个没有。

问：打衣柜尺寸上有什么讲究?

答：整体来讲究是大小要合适，具体尺寸记不清楚了。

问：这些是哪个师傅交给您的?

答：也就是师傅讲的尺寸，自己来实践。

问：您当时怎么想到学木匠?

答：就是我自己想有个板凳我自己做，要个柜子我自己打，就是这样的，我会搞了，别人就请我做了。做家具就是要搞得精确，两寸就是两寸，八分就是八分。

问：您们这边立房子要不要扎马子?

答：要。这个就是敬鲁班的时候都要搞，这个一般都是掌墨师做，

吊脚楼建筑
湖北 咸丰
金晖 / 摄

吊脚楼建筑模型
湖北 咸丰
金晖 / 摄

也可以二墨师和信得过的徒弟都可以做，以前师傅不愿动手了，就指派哪个做。这个在做的时候一般就是请祖师爷。我们师傅传来的没那门太讲究，主人家拿了什么东西都没关系。

问：您徒弟的民族跟我们说下？

答：李清明，大概也是六十来岁；还有个谢华成。

问：您徒弟是多大跟您学的？

答：都是四十几岁跟我学的。

问：您现在修的最大的房子有多大，几柱几的？

答：五柱四的，三层的房子。

问：他们说的"三山六水一分田"那一分田是讲的什么？

答：就是画个眼子，在画墨的时候要留一分的边边。

问：为什么要留一分的边边？

答：就是说要打眼子的时候，怕碰到外面的，最后洗眼子就根据墨来洗，三山就是升三,六分水就是以前的房子有六分水，现在一般都是五分水、四分水都有。六分水的房子盖瓦都盖不住，因为以前都是盖茅草，盖"杉树皮"。再就是世界面积的形成也是三山六水一分田，就是三分陆地，六分海水，一分田，就是陆地上耕种的田地。修房子的口诀有"榫檐揣脊""四角八拃""四阴八阳"。

问："四阴八阳"指的什么？

答：反正一切的榫头叫阳榫，阴榫只要四个地方有，神壁上的两头、后檐挑，后檐挑是挨着神壁方的，就是中堂。

问：您神壁上中间的板子不是公榫吗？

答：是的，那也要管个八了，中间那一抖都是的。一般神壁哪有三抖再加个门撒！一般是三尺八、四尺八。公榫的方向也一定要顺头。"梁木为主，神壁为大，坐在此地，主人发家"。我给别人装神壁也装了一两个，上神壁的时候也要选个吉日。

问：有仪式没？

答：没，就是做的时候给主人家说几句奉承话。修大门有仪式。

问：是怎么样的仪式？

答：就是踩财门，就是一个木匠在外面说，一个木匠在里面说，两个人对话，一般是二墨师在外面问，掌墨是在里面答，"鲁班师傅开门开门咯，门外星光穿越进……"猜财门，猜完就在堂屋里烧点香，开财门就是要办酒席，意思就是搬家。

问：搬家有讲究吗？

答：还不是也要选个日子，搬进去了就是老人和小孩烧个火。

问：哦，就是搬家有个仪式宣布一下？

答：差不多吧！

问：还有什么东东给我们讲一讲？

答：差不多都讲了。

问：好的。那就到这里。谢谢您！

# 第十四章

## 九代传承门内师

在民间木工技艺传承方式有多种，综合起来主要有门内师、跟师、参师等三种传承方式，在具体的传承方法上主要是口传身授、口口相传，这些都是民间艺术自觉传承的一种最佳选择，也是不断延续民间文化艺术"文脉"的重要方式。

门内师传承方式集中在大家族中，以家族式传承，一般是在技艺非常高超，有威望的族人做师傅，这种方式主要是祖传孙、兄传弟、叔传侄等形式。跟师传承主要是自己找技艺高超的师傅学艺，师傅也希望带到中意的徒弟，有拜师仪式和出师仪式，拜师仪式就是要给师傅买一身衣服，来到师傅家堂屋要磕头行礼、敬茶，然后师傅给徒弟一个红包，拜师仪式结束。徒弟一般跟师傅做三年，没有工钱，一般徒弟能够单独修房子就可以出师了，按照出师仪式的规矩，肉、酒、香、烛、纸等都要有，俗称"刀头酒礼"。以前肉是指猪头和圆尾，寓意有头有尾，后来简单到只要一块方方正正的肉

大水井建筑局部
湖北　利川柏杨
金晖／摄

即可。仪式跟拜师差不多，就是多了一个传法，即"茅山传法"；最后是师傅送的封赠话，就可以出师了。

参师就是师傅让徒弟自己跟随其他技艺高超的师傅一起做工，交流技艺，从而提高技艺，这种参师方式就有师承多人的现象。另外，还有一种就是其天赋极高的人，自学成才，他们与民间的木工师傅没有师承关系，但是人缘关系好，做事非常主动，也愿意虚心请教并一起做事。

刘安喜师傅家族传承，到他这一代已经是第九代了。在民间木工技艺很多是子承父业、孙传祖业。刘师傅初中毕业时，父亲已经去世，父亲临终时交代过要大徒弟杨友林代他教木工技术，随即他跟师傅学习近一年的技艺。由于这种代师傅传艺方式，也是属于门内师的从艺方式，即便师傅在世，往往会安排大徒弟带小徒弟，这种叫"代师传艺"。拜师和出师仪式有的有，有的没有，即使有这些仪式，相对于跟师比较简单。像刘安喜师傅的拜师和出师仪式就比较简单，没有复杂的程序。当然，有的门内师是没有这些仪式，反正跟着长辈一起做，有活路就做，没有就种地，学习技艺的方式比较灵活，相对于跟师方式比较开明，毕竟是自己家族的子孙，技艺传授也容易得到真传，所以出师也比较快，独立去修建房屋掌墨的机会更多。在民间这种技艺传承的方式比较多，传承的谱系较为清晰，构成了民间技艺一代一代传承的重要基石。

刘安喜
湖北 利川毛坝
金晖 / 摄

**传承技艺：**木工技艺

**访谈艺人：**刘安喜

**访谈时间：**2015 年 8 月 2 日

**访谈地点：**湖北省恩施州利川市毛坝镇沙坝村五组

**访谈人员：**金　晖　汤胜华　向柯儒　张星星

**艺人简介：**

　　刘安喜，男，土家族，1961 年 4 月出生，初中文化程度，湖北省恩施州利川市毛坝镇沙坝村人。16 岁开始跟随杨友林师傅学习木工技艺。

问：您家里的地址是？

答：是利川市毛坝镇沙坝村五组。

问：您是什么时候出生的？是土家族吗？

答：1961 年四月阴历出生，是土家族。

问：文化程度是？

答：初中，就是在毛坝初中。当时家庭条件不好，因为父亲在我两三岁的时候就去世了，当时初中毕业就学木匠。

问：您学木匠大概是什么时候开始学的？

答：我初中毕业，16 岁的时候，1978 年学的。

问：您跟着谁学的？

答：是跟着我父亲的大徒弟，叫杨友林。

问：杨友林现在大多年纪了？

答：现在应该八十几岁了，还健在，师傅的徒弟也是有二十个。

问：您父亲叫什么名字？

答：刘金山，父亲 60 岁的时候去世的，父亲带了很多的徒弟，我能记得到的就有二十几个，如杨友林，何树晨，喊的二师傅；胡百勋，喊的三师傅。小的时候他们都讲二师傅、三师傅都不知道是什么原因，长大了才知道是按照拜师的先后顺序，小师傅叫杨胜奉。

问：您的师傅带了哪些徒弟？

答：算起来的话有二十几个，现在就是因为做木匠经济收入不好，没有活路，就不从事这方面的工作了，那些师兄弟都放弃了。

问：您当时跟着学的时候有没有拜师的仪式？

答：有。因为当时读完初中时家庭条件不好，就和我母亲说要学木匠，那母亲就说要跟着杨友林学，因为父亲临终前交代过他，所以我就直接找的杨师傅学木匠。

问：那您的师傅就是代替您的父亲传授技艺？

答：是的。

问：那您学了几年？

答：真正意义上跟着师傅学的话还不到一年。

问：那您出师的时候有没有仪式？

答：在出师的时候，我们才安家，这样一推就到了二月份，有一天师傅说学手艺学得再好，那些仪式性的口诀不会也不行，就在我家里教我像做手艺那些口诀和工序。如修房子时要说的"起安"，就是现在说的唯心那一套，像一般的师傅都是徒弟问起来才会教，而杨师傅是主动教我，那天他教了一上午，在我家里吃完中饭就回家了。

问：等于说只教了半天？

答：那天师傅边教，我就边记录，如果一下子学会的话有点难，就是在实践中碰到什么问题再去问师傅。

问：您出师的时候给了您什么东西没？

答：给了。像五尺，还有鲁班书，这本鲁班书还是我父亲的。

问：您的父亲是跟着哪个师傅学的？

答：跟着我的爷爷他们，父亲是正宗的门内师。现在算起来的话，应该是第九代传人。当时我为什么没有跟着父亲学就是因为他去世早，就没办法跟着学，我们就是家族传。

问：您爷爷叫什么名字？

答：我现在记性不行，要看那个册子才晓得。

问：您现在带了多少个徒弟？

答：现在徒弟多，有二十几个，现在在南坪和我以前搞活路的都是。

问：徒弟跟您学的时候有没有拜师仪式？

答：有，拜师仪式都是和师傅传下来的一样。首先就是给师傅买一

石龙寺
湖北 利川团堡
金晖 / 摄

身衣服，然后就给红包；红包在前年的时候还搞，因为当时我拜师的时候给了师傅八十八块八，现在经济条件好了，现在我带的徒弟都是给的八百八十八。

问：现在您带的徒弟都有拜师仪式吗？

答：有几个还没有。

上梁
湖北 恩施白果
石庆秘/摄

问：您的大徒弟现在还在做吗？

答：没。现在大徒弟在黄金洞，自己做生意，他叫刘召军，大概
四十七八岁的样子，他人在咸丰黄金洞住，老家是恩施盛家
坝的。

问：那您出师的时候有出师仪式吗？

答：有的。按照规矩也是必须有的，出师叫"刀头酒礼"都要有，酒、
肉、香、蜡、纸等，刀头就是指一块方方正正的肉，当时师傅
讲不需要这么讲究，如果按照我父亲那时期的就必须要有猪头
和猪尾巴，就是有头有尾的意思。那当时我就按照师傅说的做，
就稍微简单了些。

问：您们在出师的时候一般是在比较安静的地方，还是在哪里？

答：一般都是在神龛边上，基本上还要看一个好的日子。当时师傅
就要讲一些吉利话"封赠话"，如最后一句就是，"走路红路，
做家发家"。

问：现在的徒弟一般都跟您学多久才出师？

答：像前面几个出了师的徒弟都在两到三年的样子才出师，像这样的徒弟一般都是可以单独修建房子。

问：在给主人家修房子时，伐青山是怎么回事？

答：主人家要我去修房子，首先就要打青山，要看日子，就是到山上去砍树；在去之前必须要带香、纸、酒、刀头，就是为了祈祷这一天顺顺利利的，这个仪式等于说就是祭拜鲁班，一直到最后立起全部都是祭拜鲁班。

问：伐青山之后，伐木，再就是裁料吗？

答：伐木了之后就是起篙杆尺，就是一根楠竹在上面可以反映出房子的所有尺寸，其实楠竹和金竹都可以，但是不能太大，因为大了拿起不方便，哪个地方是檐口，哪个地方是挑等等，反正就在竹子上画了刻出来，这个就必须是掌墨师来完成这个任务。然后就是二墨师来"开田"。

问：起篙杆的时候有没有什么佛事？

答：没有。以前师傅讲过，如果遇到问题的时候就想一下师傅，就可以了。如我学出师的时候，帮主人家做房子，主人家有孕妇，像这样的情况就要请下师傅，就是想一下师傅，这样就可以解密。以前我父亲有个徒弟，就是给主人家装神壁，主人说家里有孕妇，你还是要请下师傅，他就是说师傅来了，就在屁股上，把本子放在屁股的口袋里，当天晚上主人的孕妇就早产了，现在基本上就没有人请他做事情了，自从那个事情我就信这个东西。

问：这一行业的徒弟是以什么方式排序的？

答：是以出师的先后顺序来称号的，而不是以谁来学得早为大徒弟。

问：立扇架的佛事是怎么说的？

答：先立东，就要把鸡公拿起来，现在就要讲鸡的来历，就讲"太阳出来就暖阳阳，今日主人家立华堂，立起东方，立西方，子得儿孙立......儿子儿孙代代有......"起啊！一般师傅传下来的就是先立东头，第一是从安全方面来考虑的，上辈再有多余的劳动力，东头的立了之后就把它撑起，再来立西头，西头立好了之后，就来弄楼枕等。像我们在南坪也就是按照正规的现成搞的。等于也就是先按堂屋的东西两头，然后就是旁边的房间，旁边的也是先立东头，两边立了之后也是把楼枕穿起，檩子要等到整个的立起之后，梁木上了之后，再安檩子。

问：您这边找梁木，有没有偷梁木的讲法？

答：以前师傅讲，他们上辈有这个习俗，但是在我这辈就不常见了。

问：偷梁木是不是被人骂得越厉害越好？

答：我们这带不一定。

问：梁木找到之前，要不要祭下？

答：这个都是要看什么时候砍，砍的时候都要祭山神。

问：一般都是选什么样的木材做梁木？

答：首先是杉树；其次就是要看哈树枝叶茂盛的，还要直。大小上是越大越好，砍树的时候一般不能往下方倒，一定要往上面倒。梁木砍回来还不允许任何人从上面跨越。

问：您在砍梁木的时候要说佛事吗？

答：按照师傅说的要简单地讲几句，然后就把梁木抬回去，如果是放在一丈四尺八的中堂，在一丈三尺八的房子必须每一头要长八分，八蕴含着发的意思，加十尺六，就是一丈五尺四，一丈三尺八的房子，然后就再伐等，这些过程中也有很多的佛事，先砍东头，就是树兜大粗的这头，一般是掌墨师开始动，西头就是徒弟在那边接话。然后就是"包梁"，过去都是说的无色线、毛笔、墨、小钱，万年历，这些包好了就上梁，上梁也是用绳

子，以前称为金带，也是先提东头，上面就有人拉，边拉边说佛事，如开梁口的佛事，东头说，"走忙忙，忙忙走，主人请我开梁口，一开天长地久，二开地久天长，三开荣华富贵，四开金玉满堂。"西头就是徒弟说。

问：上完梁之后再这么弄？

答：那就看主人家要不要抛梁，不抛梁的话就"撩檐断水"。

问：是不是东头与西头的尺寸上有差别？

答：小二间与中堂有差别，打个比方，三间房子，中间那间房子是一丈四尺八，两边的房子只有一丈三尺八。升扇，升三尺这个也不一定，以前师傅就这个也可以根据实际的美观程度来操作，檩子上是公榫和母榫我都是做得很精细，如果是高低不平的话，那确实要升三寸。

问："升三"与材料有关是不是?

答：这个不一定，不是非要升三寸，也是看情况，师傅也是这么说的，你修三间房子，按照道理是升三寸，但还是尽量要给主人家修好看，不要过于高了。升就升两头，打个比方，中间的是二丈一尺八，如果升三寸的话就是二丈二尺一。

问：水是拖几步水?

答：那就要看你是修几柱几的房子，如果是五柱二的房子就是六步水，就是九根檩子，再就是五柱四的话就八步水。

问：一般檩子间距是多少?

答：这个要看步水，常规的是三尺，如果是料小的话，你领子间距三尺就不好看，一般我就修二尺八的步水。

问：翘檐是翘多少?

答：按照我常规的来算是四分八的水，五分水就有点陡。翘檐一般就是翘三寸。

问：为什么要翘檐?

答：就是为了美观，翘檐按照以前的每一步都要矮一尺五，最后我就自己改进了，我就第一步水矮四分八，二步水就矮四分九，这样一步一步的降下来，现在还有很多木匠都是统一算下来，这样的房子修起来就不好看。

问：您刚才讲到的翘檐一般都是高三寸?

答：我做都是这样操作的。打个比方，硬是每步水一尺五这样算下来的话，突然有在檐口上翘三寸，这样就积水，并且还不好看。

问：翘檐的话第一个就是瓦不掉下来，第二个就是不积水?

答：是的，还有讲究美观。师傅讲的矮一寸五，如果是两边的话，就是二寸，再挑上去加三寸，证明这方面就没有经验，这个还是要靠点经验。

问：是不是翘了之后水从房屋下来，按照惯性水就要流得远一些，对吗？

答：大概是这样的。

问：封檐是在哪里？

答：就是前面场坝那里，所以封檐一般都是往内捅起的，一般跟到师傅也是这样说的，封檐往里面收缩一点。

问：就是上方还是接到，下方就往里面收缩一点，对吗？

答：对的。第一是美观，第二就是盖瓦不漏水，第三就是瓦上流下来的水就不会流到阶檐上。这个是在修房子的时候一般都比较注意的问题，因为师傅那个时候也讲了的。

问：就是在修吊脚楼的时候，这个斗角，转过来的时候有没有讲究？

答：这个一般都是要过沟的。

问：就是过沟的地方有没有半列的扇架？

答：这个就是看怎么修，如果是厢房修建簸箕口型的话，后面就必须要半边扇架，第一是前面能够过沟，而且后面还能过水。

问：这样是不是有一个伞把柱？

答：是的。

问：那这个伞把柱就形成了一个转角的空间吗？

答：有的柱就是冲天炮，靠这个冲天炮来接这个榫头的正列子和厢房。按照师傅讲的，我就没有这样做，我们师傅说的不需要冲天炮，就是规规矩矩的按照这个账算下来，就是起半边列子。

问：那您这边不叫冲天炮，你们这边叫什么？

答：我们这边就中规中矩的修半边列子，后面正列子水同样流下去了。

问：它这个列子就正好对到那个角上吗？

答：对的，这样好过水。

问：这样上面就形成了一个"马屁股"?

答：是的，这样是后面屋檐叫"马屁股"。

问：您在修房子的时候，还装不装大门?

答：有些请我们装的就是装。

问：那您在装大门是有什么讲究吗?

答：有。如果说个人做大门的话，一般来说高度和宽度都有讲究，以前大门的高度一般都是六尺，宽度一般有的是二尺八，单门，两扇就是五尺六。打个比方，高度上面是五尺六，下面就是五尺五寸八，反正上面要比下面大一点，一般都是大两分。

问：那在主卧的时候是不是上面小下面尺寸长一些?

答：这个不是。一般都是天大于地，如果你说的那就成了地大于天了，这个是师傅传下来的。

问：那您做的耳间一般尺寸是怎么样的?

答：如果是主卧的话，这个就是上面的二尺六寸八，下面就只能做二尺六，后门就是二尺二，反正后门就不能大于前门。

问：高度尺寸是怎么样的?

答：一般都是六尺，但是后门的高度就要矮两寸，后门就是五尺八。

问：您除了搞这些，还打家具吗?

答：这个我全套都在做。

问：那在做床的时候有没有讲究?

答：肯定有讲究，做新人床的有讲究，长一般都是五尺八，宽一般都是三尺八。其他的床的宽度一般都是三尺六，在我们那个时候普通的床一般都比新人床小一点。

问：这样新人床的尺寸上不是还要带一个半吗?

答：这个就跟我们修房子一样。打个比方一丈九八，砍料的话，就可以做一丈小八，一丈九尺八寸做不起可以做一丈九尺八分，反正始终不离八。

问：那在做神龛的时候有什么讲究吗？

答：这个必须是要按那种规矩办的。

问：做神龛需要选日子吗？

答：这个就是安神，就跟修房子一样，也必须要看一个日子。我们搞这个行业哪怕这么多面，反正装神龛我还是按照规矩来做，这个职业道德还是要。

问：装神壁在材料上有没有什么讲究？

答：就是中间的那一块材料，必须要一根树上砍下来的材料，一般都是有十一、九、七块木料组成，因为神壁的中间就的一整块，两边就是三块。

问：那中间那一块就是公榫？

答：做榫头的话，中间那一块就必须是榫头，文明喊的"公子榫"。

问：这个神壁为什么要这样来做？

答：要这么做的目的，按照师傅讲的就是在分料的时候，两边比较均匀。

问：在修房屋之前，看屋基是怎么样的？

答：这个就是左青龙、右白虎，只能青龙高于白虎，不能白虎抬头望，我一般去看的都是前后左右都看，如果前面有垮岩壁和白岩壁，后面的地势再好，也不能修房子。

问：那在街道上就没有办法看了吗？

答：是的，以前农村里面就必须按照规范来做。

问：您以前修的房子，比较有代表性的在哪些地方？

答：咸福溪有两栋，溪松坡有两栋。

问：您在做房子的时候雕这些花纹吗？

答：房子上的金瓜雕，我们喊的"亮瓜亮柱"。

问：这个转角楼和吊脚楼有什么区别吗？

答：吊脚楼的话那个吊瓜要超过下面那根正列子，吊脚楼就是吊脚，吊一步水。

问：这个木匠的五尺有哪些作用？

答：第一的压邪，第二是踩梁。

问：那您出师的几位徒弟，都给他们做了五尺吗？

答：有一位做了五尺的，就是达不到掌墨师的一般不给五尺，一旦做了五尺，绝对不能丢。

问：那您想不想他们出师？

答：这个就要看徒弟。如果说将来还是从事木匠的活路，继续做下去，全部学完，肯定是要给五尺的。我的那几位徒弟还是想全部都学完。

问：上次是文化站帮您拍摄做吊脚楼的碟子吗？里面上梁口诀都有吗？

答：是的，这些都有。

问：那我们拷了看看，今天时间太晚了，添麻烦了！谢谢您！

# 第十五章

## 赤脚医生成木匠

屋顶造型·骡子屁股
湖北 宣恩沙道沟
金晖 / 摄

鹤峰的田玫生师傅从艺经历比较曲折，小学毕业跟随大哥田菊生学习靠背木椅的制作，没有拜师仪式，就是跟着大哥一起做，能够单独做了就算出师了，他的这种学艺就是典型的门内师。后来又转行做农村的赤脚医生①，当赤脚医生近二十年，尔后没有搞赤脚医生了又开始做椅子，一直做到现在，平时种烟，闲时有时上客户家里去做椅子，材料是客户家准备好了的，只收一点手工钱，但更多时间在家做，做了以后自己卖，生意非常火爆，经常供不应求，还需要提前订购，其经营方式属于"半农半匠"，自产自销模式。

① 赤脚医生：在中国 20 世纪 60—70 年代，具有农村户口，没有经过正式的医疗训练，有的有家传或自学的一点医务知识，是"半农半医疗"的农村医疗服务人员。

303

靠背木椅是土家族地区最基本的生活用具，由"靠背"和"座椅"两部分构成，其造型样式自然简约、朴拙天成。现今无法考证其木椅的生成时间，但可以认为是"清代'改土归流'政策推行后在该地区的产物，既是土家族与汉、苗等民族交融的产物，又是该地林木资源变迁的历史见证"。① 靠背木椅造型简约，强调实用的功能，在制作技术上要求比较高，总之，在制作材料、制作技术、审美意识的选择上反映出不同的特点。

在土家族地区做靠背木椅的木料比较讲究，一般木料不能够成型，太软太硬都不行。一般用枞树做木椅的居多，因为枞树的材源丰富，质地较软，便于成型，一般的客户家都是用枞树木料做椅子，但缺点是纹理粗糙，时间长了结构松动，椅子容易垮掉。田师傅自己做了卖的椅子是用杨柳树，杨柳树木质要硬一些，纹理细腻，而且表面光滑，做好以后效果好并且牢固耐用。

"养在深闺人未识"是土家族靠背木椅的真实写照，其原汁原味简约质朴的造型反映出土家族地区文化态度和审美精神，加上靠背木椅"天然生态难自弃"强烈的亲和力，如今正掀开神秘的面纱逐渐被人们所认识而成为不可缺少的生活用具并传承。

---

① 向极鼎：《物语天工朴拙单纯——土家族地区靠背木椅造型探析》，《湖北民族学院学报（哲学社会科学版）》2001 年第 3 期。

田玫生
湖北 鹤峰中营
金晖 / 摄

**传承技艺：**背靠木椅制作

**访谈艺人：**田玫生

**访谈时间：**2015 年 10 月 2 日

**访谈地点：**湖北省恩施州鹤峰县中营镇观扎营村八组 39 号

**访谈人员：**金　晖　汤胜华　李　冉　向柯儒　张星星　朱姗姗　王小凤

**访谈艺人：**

　　田玫生，男，土家族，1952 年 2 月出生，小学文化程度，湖北省恩施州鹤峰县中营镇观扎营村人。13 岁开始跟随大哥田菊生师傅学习背靠木椅制作技艺。

问：您这地方叫什么地方？

答：中营镇观扎营村八组，小地名叫朝阳口。

问：您贵姓？

答：姓田。

问：名字呢？

答：田玫生。

问：您多大岁数了？

答：64。

问：64岁那就是五二年出生的吗？

答：嗯。

问：五二年几月份？

答：二月。

问：你们姓田的应该都是土家族吧？

答：是土家族。

问：您原来是哪里毕业的？

答：我只读到六年级。

问：哪里毕业的？

答：中营小学。

问：哪年毕业的啊？

答：13岁。

问：13岁那就是六五年，那您哪年学的这个艺？

答：没读书了就学这个，后面空了几年没有做。

问：就做椅子？

答：对，空的那几年做赤脚医生。

问：哦，您还做了赤脚医生啊？

答：嗯，搞了一二十年。

问：哦，搞赤脚医生搞了二十几年啊？

答：搞了一二十年哦。

问：哦，那就是一边搞赤脚医生一边搞那个？

答：我没怎么做，然后没搞医生了才搞这个。

问：那您开始跟哪个学了没？

答：开始搞了几年了又才去搞赤脚医生，搞了赤脚医生后没搞了又搞这个。

问：哦，也就说开始您是做了几年椅子的？

答：对，没读书了就做椅子，后面又没搞了。

问：哦，搞了几年然后又做赤脚医生，赤脚医生没搞了然后又搞这个。

答：对，嘿嘿。

问：您搞椅子跟哪个学的？

背靠木椅（左大、右小）
湖北　鹤峰中营
金晖／摄

答：跟到我老大学的，我哥哥。

问：哦，跟到您哥哥学的是吧？

答：嗯。

问：那也就是说小学毕业了以后，就跟着您大哥学的？

答：对，跟着他出门在外头。

问：您大哥叫什么名字？

答：田菊生。

问：他多大年纪了？

答：68岁了。

问：68，也就是四八年的？

答：是的。

问：四八年几月份的啊？

答：九月。

问：哦，九月，他现在还在做吗？

答：搞还在搞，但做不了了，有时候做。

问：哦，就在您那边那个院子里？

答：对。

问：那做这个他是跟谁学的啊？

答：他师傅姓刘，刘进然。

问：大概是什么时候学的您知道吗？

答：他那时候只有十四五岁。

问：哦，这个刘师傅是哪儿的人啊？

答：是宣恩的。

问：具体是宣恩哪儿的您知道吗？

答：白水村。

问：白水村是哪个乡啊？

答：现在叫棕溪村。

问：他现在还在做没有？

答：死了十多年了。

问：您哥哥跟他学了多少年呢？

答：反正在一起搞了几年，不晓得是几年。

问：哦，搞了几年就出师了？

答：搞了几年就没跟他搞，就自己搞。

问：您知不知道他搞的时候有没有拜师的这种仪式？

答：啊？

问：就是拜师的这种仪式有没有？

答：拜年啦？

问：就是拜年，磕不磕头？

答：那不磕头。

问：不磕头？

答：那不磕头。

掩映在树丛中的吊脚
楼建筑
湖北　宣恩
金晖／摄

问：拜年的话那时候是？

答：搞点东西啊。

问：买不买衣服？

答：那不晓得。

问：哦，您不知道，但拜年有？

答：嗯，就是背点肉啊、酒啊这些。

问：就是礼品，您后面跟你哥哥学拜不拜年呢？

答：我没搞，我没搞什么。

问：也没跟他拜师？

答：那没有。

问：那等于他做您就跟到一起，他把您叫到一起做？

答：嗯，完后只跟了几个月，跟他。

问：哦，您只跟了您哥哥搞几个月啊？

答：对，搞了几个月就自己慢慢搞的，出门搞几个月然后就不准出门搞了，要到小队里搞生产。

问：那他给您怎么教的？

答：就跟到一起搞，他搞我就跟到搞哦，哈哈哈。

问：哦，他怎么做您就怎么搞，给您怎么安排您就怎么搞？

答：对，怎么安排就怎么搞，叫我做什么我就做什么。

问：那您搞这些活，它有没有什么窍门啊？

答：那倒是有些嘛。

问：您像那个做的时候选料有什么讲究？

答：选料就是要没有结，要杆①得的，有的材料杆不得啊。

问：一般是哪些材料可以杆得？

---

① 杆：方法，指能够弯曲的材料。

**答**：杨柳树啊，开始学的时候搞的枞树，出门搞，出门给私人做，只给手工钱哦，收工资哦，给自己做就买的杨柳。

**问**：您觉得枞树好些还是杨柳树好些？

**答**：那杨柳树怎么好些呢，它牢些，光滑些，丝纹细些，枞树它丝路粗，松劲儿。

**问**：杆起来呢？

**答**：搞起来枞树柔软些，杨柳树硬些，没有枞树好做。

**问**：那究竟是枞树好杆些还是杨柳树好杆些？

**答**：枞树好杆些，但它质量没有这个好。

**问**：那私人家做的话一般做的枞树的？

**答**：嗯，开始我小的时候在私人家，低山才有枞树。

**问**：哦，那您这高处没有？

**答**：没有。

**问**：那您这主要就是买杨柳树？

**答**：嗯。

**问**：还有搞桑树做的额？

**答**：没搞，这些地方没有，没搞。

**问**：是桑树的做得好些，还是杨柳树好些？

**答**：杨柳树好些，桑树它长虫。

**问**：那您做这些还用炕不炕啊？

**答**：晒呀，炕了不好处理，炕了扬尘 ① 了不好做，反正要搞干，这样才做得光滑，也不收缩。

**问**：那您一般要放多久啊？

**答**：几个月哦，上半年砍起，下半年杆哦。

---

① 扬尘：方言，指烟火熏的灰尘。

问：您砍料是春天砍啊？

答：那不是，材料是冬九天 ① 砍的，买回来的。

问：九天里砍？

答：那是嘛，要进九以后就找材料，买回来了等几个月砍都不迟，二月里买搞不成。

问：它是冬天里砍就不长虫是吧？

答：嗯。

问：那您砍回来了是不是就把皮剥了？

答：腿子不剥皮，其他要剥皮。

问：像那些枋枋就要剥皮？

答：嗯。

问：等于剥皮了就这么干到起？

答：对，就这么晒起。

问：那就是说您把这些料弄回来了还得把料裁出来嘛？

答：那是嘛，要裁出来啊。

问：像那些后面的背靠这些什么的东西都要把裁好嘛，裁好啦才弄到干在这里？

答：那是嘛。

问：那就根据尺寸裁料，那根据尺寸裁料的话放不放点呢？

答：那要放点，它头上怕开口，怎么也要放点。

问：我看您放在这里的不开口啊，您管理得好哦？

答：那它有的还不是开口。

问：您这个不是杨柳树吧？

答：不是的。

---

① 九天：方言，指进了九的冬天。

问：这是什么树啊？

答：椿树啊。

问：您去砍树的时候祭不祭山呢？

答：我自己没去山上找。

问：哦，都是别人搞的，您就不管他祭不祭山啦？

答：嗯，他要给我送起来的。

问：我买嘛，就叫他那几天砍啊，叫他哪天砍，他就哪天砍啊。

答：嗯，那是嘛。

问：哪天砍得，哪天砍不得，哦，时间您还是有个要求哦？

答：嗯，嘿嘿。

问：就是要看看期，看个日子？

答：不是看日子，是看季节，冬季，日子管它什么时候，没管。

问：看季节，那就是说今天砍得，明天砍不得，您不管他啊？

答：不管。

问：哦，您就是把握大的季节？

答：嗯。我就是说腊月天了，进九了，冬天里了，能砍了，再就是交春后，到了清明白露时候就不要砍了，我就不要了，不收了，再收迟了就不行了。

问：那您这个料是比着自己要的砍吗？就是您要好多，他就给你砍多少来，送好多来？

答：嗯嗯，那是嘛，多很了，你也砍、他也砍搞不出来啊。

问：那您这个背靠这些东西是湿的做吗？

答：湿的砍，做成坯子，然后干了再做，湿的砍轻松些，湿的砍了不干，当时做又不行，做不光滑，它要缩，要走形。

问：您做这个的步骤是怎样的？是先杆下面的脚呢，还是怎么做？

答：那是先杆脚嘛。

问：哦，那杆的时候搞不搞火燎啊？

答：蒸的，煮的。

问：那您煮的话不是放在锅里水里面煮吧？

答：放在锅上面，靠水蒸气。

问：需要蒸多久？

答：一个多小时。

问：那这个地方您杆的话，肯定要先用凿子凿好，然后再蒸嘛？

答：那是，搞规矩① 了再蒸。

问：蒸的话也主要是蒸这点吧？

答：嗯，蒸这个地方。

问：蒸了以后就杆，杆了以后就把下面板子合上，然后就是合上背靠？

答：那是嘛。

问：也就是说先做脚，然后是坐的板子，然后是背靠。

---

① 搞规矩：方言，指做好了，准备好了。

答：嗯嗯。

问：这个椅子的大小、高度是怎样的？

答：现场测量，整个高 65 厘米，宽 35.1 厘米，厚 27 厘米。

问：您在做的时候有没有什么讲究？

答：有什么讲究哦，要周正，要眯缝①，没有破的。

问：其他的还有没有讲究？

答：背靠要没有结，光滑，粗细合适，仰正要合适，坐起来要感觉
舒服。

问：您在做的时候有没有使法？

答：没有。

问：有没有什么歌络句？边杆的时候？

答：没有。

问：您在当医生的时候有没有小的方子，嘴巴里念念有词，画九龙
水啊这些？

答：没有。

问：仰角是多少？有数字吗？

答：没有数字，自己看，做起来合适就行，靠着自然。

问：您现在每天能做几把椅子？

答：一把都难做起。

问：几天做一把？

答：要一天多。

问：三天做两把做不做得起？

答：那要使劲。

问：您哥哥有这些讲究吗？

---

① 眯缝：方言，指合缝、没有缝隙。

彭家寨吊脚楼建筑
湖北 宣恩沙道沟
金晖 / 摄

答：都没有。

问：您在家做这些，有没有什么讲究？

答：没有，有时间就做。

问：您招不招呼下呢？扎马子什么的？

答：没有，不搞这些，杆椅子不用看日子。

问：您到别人家里做，假如他家里有怀孩子的，您招呼不招呼？

答：一般没到别人家去做，不怎么去，杆椅子没这些讲究。

问：您不去别人家里去做？

答：嗯嗯。

问：我们采访蛮多木匠，如果要去别人家做，他都还打招呼？

答：搞椅子这些不需要。

问：您现在一年能做到多少把椅子？

答：做不了多少把，老了，又还有种烟、种苞谷。

问：您现在种烟收益好，肯定做椅子就少些了？

答：呵呵。

问：您现在一把椅子卖多少钱啊？

答：三百五,三四百。

问：如果上清漆了呢? 您是上清漆还是桐油?

答：我是卖白坯子，刷的话单独请漆工。

问：您打磨不打磨?

答：要打磨，要搞光滑。

问：是机器打磨还是手工砂纸打磨?

答：主要是手工。

问：椅子靠背的花纹是什么?

答：花瓣。

问：有什么含义?

答：好看又稳当。

问：您还做其他的椅子吗?

答：不做，就做这个椅子。

问：您一年能做多少把?

答：百把把，要搞生产，没有多少时候搞得成，烟和苞谷搞完了才
　　能做。

问：经过干了、蒸了，它的长度这些会不会改变?

答：开始毛料要放点，大点。

问：您杆起后再锯平脚嘛?

答：那里长了就锯点去。

问：在做的过程中有没有什么口诀?

答：没有，靠自己看。

问：您比如前面是什么枋枋，后面是什么枋枋，有没有什么顺口
　　溜啊?

答：没有。

问：您比如这个枋枋多大，您没有一定之规啊? 您这个枋枋是做哪

里的，有点厚嘛。

答：还要处理。

问：花纹的形制是一样的吧？

答：一样的。

问：您现在带徒弟没有？

答：没有，大儿子可以做。

问：您大儿子多大了？

答：39，1976 年 8 月，田席如。

问：这是您什么？几个小孩？

答：幺儿子的，两个。

问：就是您大儿子可以做，他做不了？

答：嗯。

问：您大儿子跟您学了没有？

答：没有专门学，自己做得好。

问：您大儿子哪毕业的？

答：走马二中，高中。

问：哪年毕业的？

答：7 岁读书，读 12 年，九五年毕业。

问：您孙子多大了？

答：十几岁。

问：读初中？

答：高中，在恩施高中。

问：您大儿子现在做什么？

答：做椅子，在村里。

问：他跟您什么时候开始搞的？

答：没搞几年，大概四五年。

吊脚楼建筑群
湖北 宣恩
金晖 / 摄

问：他现在做得好不好，您指导吗？

答：还是要说，不行要说。

问：他服气吗？

答：服气。

问：他带徒弟没有？

答：他自己孩子慢慢搞，没有带徒弟。

问：您哥哥跟着刘师傅学的，那刘师傅是跟谁学的？

答：陈师傅，陈什么名字不知道。

问：陈师傅是哪里人？

答：中营隔山溪，中营村七组。

问：那现在还在吗？

答：早死了，刘师傅都死了。

问：那陈师傅的儿子会不会做？

答：会，刘师傅的儿子都还做了的。

问：刘师傅是在您中营这边学的，然后刘师傅又教了您大哥，刘师
　　傅在您这边做，您大哥跟他学的？

答：嗯，他在我家做，就跟他去做的，开始在我家做椅子。

问：他那时候专门做椅子啊，还做不做其他的?

答：不搞其他的，只搞椅子，在家里看到做椅子，他不读书了，就跟他做，就跟着他去别的农户家里去做。

问：现在做椅子有哪些工具啊?

答：工具多得很啊。

问：和一般的做家具木匠，多哪些东西?

答：圆凿，圆刨。

问：背靠这有弧度，怎么推得到啊，是用圆刨推的么?

答：那是嘛。

问：专门有个小圆刨，手卡起这么推的?

答：嗯嗯。

问：您跟着您哥哥学了以后，出师的时候，给您给了工具没有?

答：那没搞，自己搞的。

吊脚楼建筑
湖北 恩施芭蕉
金晖 / 摄

问：您哥哥出师的时候，那个刘师傅给他给了这些东西没有？

答：只怕没搞哦，都是自己搞的。

问：因为好多木匠出师的时候一般会给东西，给工具，比如尺子？

答：都是自己搞的。

问：椅子的结构名称是什么？

答：含筒、坐筒、大靠、小靠、横靠、花瓣、长枋、短枋、小枋。

问：有没有其他花纹？

答：都是这些。

问：您哥哥还做不做？

答：他老了，不行了。

问：现在还卖不卖？

答：多少有点，都老了不行了。

问：您大哥还带其他徒弟没有？

答：没有，就我跟着做过的。

问：不上漆吧？

答：不上。

问：买的时候要讲什么封赠话？

答：不讲，供不应求。

问：您这个尺寸高度是一样？

答：是一样，还有小椅子，大椅子，这个是中等椅子。

问：那椅子的花纹什么的都一样吗？

答：材料不一样就不一样哦。

问：小孩坐的跟这个比？

答：整体小些，其他格式一样，只是小些。

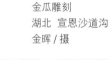

金瓜雕刻
湖北 宣恩沙道沟
金晖 / 摄

木结构建筑
湖北 恩施盛家坝
金晖 / 摄

问：小椅子高度是多少？

答：21—22 公分。

问：给小孩做的有什么含义？

答：没有，小的时候好坐些。

问：大椅子呢？

答：那些打牌的，高些坐着舒服些，烤圆炉火，腿舒服些，这些普通椅子，一般的，主要以这个为主，那个大椅子一般不愿搞，亏材料，不太好搞。

问：小椅子？

答：22 公分，高 25 公分，55 公分。

问：这里具体是什么地方？

答：观扎营村十一组 39 号。

问：您这些窗花叫什么？

答：步步景，五、六圈。

问：您主要就是做椅子，除了木椅做其他的东西吗？

答：嗯，是的。我不做其他的，做椅子都忙不过来。

问：您还有没有补充的，给我们讲一讲？

答：没有了。都讲了，就是这些。

问：好的，谢谢您啊！耽误您时间了！

# 第十六章

## 大美之艺德艺馨

在民间，工匠是老百姓日常生活不可缺少的职业，古代对匠人进行了分别的分类概括，其中有九佬十八匠之说，九佬指补锅、钻磨、撬猪、杀猪、剃头、修脚、嘎船、打榨、烧火等，十八匠指金、银、铜、铁、锡、岩、木、雕、画、漆、瓦、土、篾、椅、弹、解、染、赶，这些基本包括民间工匠的方方面面，各行各业的手工艺人的精湛技艺为社会生活增姿添色，成为农耕时代不可磨灭的记忆。随着时代的发展，一些手工艺行业及艺人慢慢淡出了我们的日常生活，但是他们为社会所做出的贡献与为人为师的精神成为人类的永恒。

民间一切手工技艺，都是口传心授，口传心授成为技艺传承的最佳选择，在传承技艺的同时，也传递了耐心、专注、坚持的精神，所有这些成为手工艺人的艺德养成的必备特质。木工艺人也不例外，

吊脚楼
湖南　龙山
金晖 / 摄

他在十八匠中位居第七位，可见其在社会生活中的重要地位，在技艺传承中都是依靠言传身教自然的传承，他们不仅把技艺作为养家糊口的工具，而且还把职业的敬畏、为主户负责的态度融入到实践中，赢得人们对"艺德"的赞誉。

在采访中多次让我最受感动的是这些师傅的为人为艺，他们不仅追求技艺的精湛和完美的态度，而且还为主家所想，为主家所节省，体现出一种技术精良所追求的"大美之艺"，这种工匠形成的精神也正是师徒传承与家族传承的历史价值所在。

湘西永顺的彭善尧就是这样一个人，他15岁从师学习木工技艺，修建了无数的木结构吊脚楼，带了无数个徒弟，从先学捏斧头开始，刷料、画墨等等工序，后来出师以后单独做木工，不仅义务带徒弟或带着其他艺人跟着一起做工，从来不要他们一分钱，都是一样的工钱，甚至有时还不要主家的工钱，特别是经济条件困难的主家起屋，基本上都是帮忙做义务。我想这就是一种艺德，一种德高艺精的"大美之艺"。

在当今社会的人们心浮气躁，追求短、平、快所带来的经济效益，忽视了对"艺德"的培养和传承，但是在民间我所遇到的一大批大艺人中，他们不仅有一个传递民间技艺的"大美之艺"的独特"匠心"，而且还有一颗传承中华文明精神优秀品质的"大爱之心"，正是他们的绵薄之力汇集在一起，才形成了推动人类的文明不断地向前发展的精神动力。

彭善尧
湖南 湘西永顺
金晖 / 摄

**传承技艺：**木工技艺

**访谈艺人：**彭善尧

**访谈时间：**2016 年 2 月 23 日

**访谈地点：**湖南省湘西州永顺县泽家镇沙土湖村二组

**访谈人员：**金　晖　汤胜华　向柯儒　朱姗姗

**艺人简介：**

　　彭善尧，男，土家族，1940 年 7 月出生，小学肄业，湖南省湘西州永顺县泽家镇沙土湖村人。15 岁开始跟随郑万清师傅学习木工技艺；2012 年被评为国家级非物质文化遗产传承人。

问：您是哪里人？

答：永顺县泽家镇沙土湖村二组人。

问：您后来是搬到这来的？这房子是您修的？

答：我九三年就到长沙岳麓山。旅游局接我到那边搞开发，没开发成功，就到张家界，开发樟梁木，樟梁木没开发成功又搞了八年民俗表演，也在张家界武陵源里头，后来联合国把里面屋拆了就出来做木匠。

问：哪一年开始搞木匠？

答：那都记不到了，反正联合国在里面拆景区屋，屋拆了就出来做木匠了。

问：为什么拆景区屋？

答：景区里面不准建屋，建屋挡了旅游人的视线。

问：拆了后来您就搞木匠？

答：拆了就搞木匠，木匠从小就学会搞起，后来发展旅游，需要搞古典建筑的传统，看着看着就这么搞起事。一开始责任制一到户，有几个人搞木匠，都没有人，木匠基本上都没做了，后来发展旅游，又会做木匠了。

问：那您这段时间没搞？

答：中间责任制到户，哪有人做木匠，没有做处。

问：就是责任制以后就没搞了？

答：嗯。

问：您具体是哪一年又开始搞木匠的？

答：哪个时候想不起了，到文化局去查资料就可以。

问：您是哪一年搬到这里来的，修这个屋？

答：修这个屋到今年有六年了，2010年。

问：您现在搬到街上来住了，那边房子怎么搞起的？

凤凰吊脚楼建筑
湖南凤凰
金晖 / 摄

**答**：放到那里的，没有人住了。有的人还卖，像我们卖又不好卖，
　　像这些老屋都要加强保护，我们没卖。

**问**：您那个是木房子？

**答**：木房子。

**问**：是不是吊脚楼？

**答**：是的。

**问**：您是十年前从沙土村搬到这来的？

**答**：我一直在那边做事，屋里好多年没人住了。九三年去的在岳麓
　　山转来，一直在张家界，张家界那大部分都是我的作品，基本
　　上我在那边做，在那边做了我就在这边起屋，都是请人家起屋，
　　起起了就搬到这里住。

**问**：你认识李宏进师傅吗？

**答**：李宏进那段时间没有工夫搞，凤凰博物馆都是我把他喊去搞的。

**问**：李宏进是塔卧那边的人吗？

**答**：塔卧广阳人。

问：恩施土司城是不是他们修的？

答：嗯。他们派几个人过来接我我也没去，我正在搞民俗表演。原来北京那个屋都是喊我过去，我在武陵源搞民俗表演，我就没去。

问：张家界那边的九重天是谁搞的？

答：都是李宏进搞的设计，他不是木匠，他是石匠出身，他会画，几画几下你就照到怎么搞。都是想他是木匠，后来喊他做一个？他就讲实话了，我不是木匠，我是石匠，我画成怎么过你就照着怎么修。

问：您是从小什么时候开始学木匠的？

答：十几岁就开始学，大概十七八岁，十五六岁。

问：您是跟您父亲学？

大水井建筑
湖北 利川柏杨
金晖 / 摄

答：不是，跟别人学，师傅都死了。

问：师傅叫什么名字？

答：有个叫郑万清，有个叫彭古生，满到处参师。

问：您具体跟是跟哪个师傅？

答：郑万清。

问：跟彭古生是参师？

答：嗯。

问：您跟郑师傅学了多少年？

答：起码跟了五六年，他们是师傅嘛，人家有人找他们做，没有人找我们做。

问：主要学些什么？

答：就学木匠这一块。

问：先学刷？

答：先学捏斧头。我那时候都学得来了，也不用说先学这个先学那个，一懂就全都懂了。

问：先要从这个搞起走？

答：先一开始就学捏？把斧头在手上搞活哈子，那一懂我就都懂得到了。我家里非常困难，日常用具我没求过人，金、银、铜、铁、锡我都搞得来，筛箩、簸箕、背篓、锄头都搞得来，就不存在跟着别人学了，你跟他做工夫，做起就是有点功力。

问：您跟他学捏斧头学了就开始刷料？

答：刷料了就是画墨，那一开始学了哪个都懂得到了，不要师傅教我，都懂。

问：刷料了是画墨？

答：嗯，学画墨、刨刨子、锯锯子。

问：学画墨了是什么？

答：刨刨子。

问：就是用推杆？

答：嗯。

问：再就是锯料？

答：嗯。都不要师傅教了，那个时候，甚至师傅满到处去，我帮师傅管理徒弟，我都会了，一会就都会了，所以说我学这么久的徒弟师父没有扣我钱，我个人做得好多是好多钱，甚至我也学了我帮他都会搞管理了。

问：您学这些，您是帮别人起屋，还是做家具？

答：起屋做得多一些。郑万清是个大料木匠，他后头到处接工程，要我去，完全都是我管理，我比他还讲得细致些，他老木匠他还讲不到方法，我还会讲方法些，所以说我搞几年，他也没扣我的工钱。

问：等于您跟到他当徒弟，他还给您开工钱？

答：他们那些徒弟都归我管了。

问：等于您帮师傅传艺了？

答：嗯，我到帮他传艺了。

问：那您在传艺的时候，您是怎么搞的？

答：人家跟我不用搞好久，我就可以保证他搞得来，我跟他这么一笔笔搞，哪个像怎么搞，哪个像怎么搞。后来我带徒弟我从来没吃过徒弟一分钱，他做得好多事好多，他只要做一个冬天两个冬天，我就喊他到一边倒去，非遗还给我分得有任务，一年要带十个徒弟。

问：您是手把手地教，手把手地讲？

答：嗯。

问：给您多少钱呢？

**答**：一年只有万把块。我在重庆那边，他们开展旅游，我在那边挂个名字，他们一年也要给我一万块钱。

**问**：挂了您的名字。

**答**：嗯。

**问**：万师傅不是在咸丰吗？

**答**：万师傅去年和我搞，跟他开三百块钱一天包吃。

**问**：他是省级传承人嘛？

**答**：他搞不赢带的这帮徒弟。黄士泽师父他们都跟我做过，我也还会带人，什么时候都欢欢喜喜的，人家打我一下两下，十下八下，他对我打，我对他笑，搞得赢他不？打，所以说那些人基本上都跟我做过。

**问**：师傅在教您的时候，跟不跟您说那些顺口溜，比如说上梁？

**答**：木匠不上梁，木匠只开梁口，升扇像那些我也还不爱学，我像这样认为，别人一般开梁口，主人家要给个红包，我不爱人家的，我对这个也不学，我认为这些都是骗人家的。

**问**：您这些搞不搞得来？

**答**：我不爱搞。所以我后来独立的做木匠，我做木匠，不要人家一个鸡公，不要人家一个！我从来不要，把我个我都不要；甚至我满到处做，我还不要人家钱，因为他家里穷，没有屋住才起屋，我屋里吃得到饭。像我今年有好多地方，开起工资我都不要，我就不要人家的，到时跌西到张家界，我帮人家装屋，我不要人家工钱，我屋里反正吃得到饭就行了，人家屋里比较困难，像我今年给人家过都要过几万搞这个公益事业。我一般给私人做工夫，绝对不要人家钱，我不想要人家的，我就是这样的人。

**问**：为什么要翘檐？

**答**：屋修大了，它有个勒檐、升扇、跨斗、搥脊、四方八扎。

问：为什么要勒檐?

答：那个挑，伸出去，一匹挑两笔挑，它有个重量，重量把它压垮下来，你必须把原来的水升高一点点，树就是像这样，你一压他就沉下来一点，你把它沉下来了一点必须升高一点点。你把挑就带高一点点，估计这个树能够要下来好多点，比原来水升就要高，水升怎么踩呢，就是踩九五水，这么过来九寸就伸上去五寸。这么过去一尺八，就升上去一寸。

问：这个还是按照挑的大小?

答：挑的高矮。

问：挑的高矮来决定它升多少?

答：嗯。

问：勒檐您就是说的挑有重量?

答：嗯，瓦一盖，它的重量要往地下沉，房子下沉了以后水要乖乖地流出来。为什么木匠都踩那九五水，那个九五，它是九五之尊，农民都相信迷信，它吉利，九五水。像九寸就升上去五寸，也就按这个比例算了的。

问：升扇呢?

答：升扇你像在中间屋，一般屋都是为四列扇，中间这两列扇本身要高一点，边上这两扇要低一点，所以两边的扇一边要高两三寸，两边看起来好像高点点，从远处看又好像直点的。领子这么一挓，慢慢就好看些，你如果不升扇，边上两列扇要往底下沉，两边必须升几寸扇，屋也好看些，两边看好像高一点，从远处看又好像是直的。

问：也就是树的树梢和树巅，大小不一样?

答：中间的领子这边大一点这边少一点，都要升点扇。它要往底下下去，木匠把这些都预防了，是老木匠这么传下来的，他传的就讲了一个道理。

问：实际上他还是为了屋的整个平衡？

答：嗯，实际上是为了平衡。

问：跨斗呢？

答：跨斗也是，总的还是为了屋的平衡。

问：跨斗也就是说您在打眼子的时候，在画墨的时候，画墨的时候
就把边上两间屋钉上去两三寸了？堂屋里还是不动？

答：堂屋不动。屋偏正要吊线都要吊堂屋，两边吊不到，两边差得
有点点，像人走路，一站底下差点点，屋偏正要木匠吊线只能
吊中间两排屋。

问：榫头高头有不有大小？

答：有大小，首先先做枋，木匠把料一割，就先做枋，枋有好大，
我就画好大的榫头。

问：榫头还是有大小？

答：有大小，可以搞大进小出，可以搞大进大出。通过好多实践，
搞大进大出屋比较扎实。

问：大进大出是怎么？

答：像这么有五寸，你就画五寸。小出头也是五寸进，这边是有三
寸出头或者四寸出头。通过经验，大进大出的屋稍微扎实点。

问：大进大出实际上就是五寸进五寸出？实际上榫头是一样大的？

答：一样大的，有的木匠怕他不好斗，这边四寸进，那边三寸七八，
扣点点也有，一般不扣还是扎实些。

问：打那个眼子高头有不有大小？

答：有大小。

问：进的这头大些，出的这头小些？

答：稍微还是欠点软东西，容易进去他就容易松，难进去就不松，

总的来讲屋扎实点。

问：我刚才跟您讲的就是一个眼子有大小，一个榫头也有大小？

答：你做枋的时候怎么做，眼子就怎么画，这个就靠木匠自己记。

问：眼子的话，比方说堂屋里，楼枕这么些，树巅都是靠到两头的？

答：不是的。这是新社会就不兴。树往上头长上去，你是斗枋，兜兜都在东边，巅巅都在西边，老人家你把他枋斗错了，他还要木匠赔材料。

问：檩子巅巅都在两边扇头上，兜兜都在堂屋？

答：嗯。因为他好做榫头些。

问：楼枕的话都是顺到起的？

答：嗯。以前信迷信的时候，你把他这些屋就做错不得，做错了他不好想。

问：那您说的巅巅在西头的话，眼子大小和堂屋有不有区别？

答：没区别。

问：他抬不抬点上来？

答：不要抬，你底下升扇升得有，他是平的嘛。

问：您升扇是升的檩子上的扇

答：从那挑壁上升扇。

问：就是说楼枕上跟檩子上一样都要升点？

答：都要升点。

问：眼子的大小、榫头的大小和崩头的大小都是一样的？

答：不是一样的，枋怎么过你就画怎么过，要靠脑袋记。

问：您说的楼枕这些榫头的话，就要实际是好大，就画好大的榫头。
会不会把木头砍成一样的大小？

答：也可以砍成一样大的，砍成一样大的好记些，也可以砍成不是

麻柳溪吊脚楼建筑
湖北 咸丰黄金洞
金晖 / 摄

一样大的。我起第三支屋就被北京八一电影制片厂在这边来拍电影了。

问：那是哪一年?

答：那我记不得，这个屋都卖到广东去了的。我们永顺开几次社巴节①的背景都是我的作品，张家界的风光碟子大部分是我的作品，我们九几年到那边去都还没得吊脚楼。

问：北京八一电影制片厂来拍电影，专门介绍您的房子还是做个背景?

答：我们县里开社巴节是做的背景。

问：您学的这些您都是自己摸索的?

答：基本上学艺还是要靠自己摸索，就像学生读书一样的还是要靠自己钻。

---

① 社巴节：又名舍巴节，调年会。是湘西土家族传统的祭祀节，一般在正月举行，也有的在三月或五月举行。

问：您刚刚说的是跨斗，椿脊呢？

答：主要是要瓦都这么盖到了，椿脊的道理就是这么过。

问：椿脊就是不让囤水？

答：不让水往那边跑。你瓦一盖厚了，不间隔那么太陡了，他就变平稳了，所以要椿高点点过。

问：椿脊就是不让水往后回，也就是说椿脊的话就是要高一点？

答：嗯，要高一点。

问：要高几寸？

答：一般高一寸到一寸五算最高的了，看檩子的大小，檩子大点高一寸五，檩子小点高一寸都差不多了，一寸一二就有了。你就是衡量那个瓦的厚薄，你看现在买的机子瓦椿一寸就有了。

问：现在这种机器瓦也要冲？

答：那也要椿，你新社会旧社会，盖瓦它是一样的。

问：那盖瓦的那个水也是一样的？

答：一样的，都是按照那个九五水一踩下来就是一样的。

问：那是不是不同的房子水是不一样的？

答：水是一样的，你屋大非搞九五不可，屋小不搞九五也搞得。

问：四方八拃呢？

答：屋这么四四方方的嘛，堂屋里是四方，两边的屋要拃那么八分，和站那脚是一样的，底下岔点点。

问：上面是四方的？

答：上面是四方的，中间也是四方的，就是两边的屋要拃一点。

问：拃就是拃下面的脚？

答：嗯。上头是一样的。

问：那个扇要这么斜上去？

答：底下拃他上面是要朝中间靠。

问：他这个有什么意思呢？

答：一个是屋好看些，屋像这么正正的一看都像往这边倒倒的，像这么一搞，屋好像就正了，屋也好看些，两边又还不偏。

问：您说的这个是不是从现在科学的角度？

答：从以前老人家手里教的。从现在来讲的话，比方说正的话，人眼看的话它就是个歪的，上头抟到起的，如果朝中间靠一点的话，就感觉这个屋是正的。

问：是不是与人的视觉有关？

答：与人的视觉有关，你像屋本来是正的嘛，你人没站正，一看就是偏的，你站到中间一看屋就是正的了。

问：这样的房子更稳一点？

答：嗯，两边抟屋更稳定一点。

问：张良皋先生说有伞把柱才是真正的土家族吊脚楼，在您看来什么样的才是真正的土家族吊脚楼？

答：伞把柱它是节省根料，牢固就还没有现在新社会创造的稳定性好、有特色，但是还是没有现在的稳定。我们在广东的罗浮山起那个大商场，屋也起得大，只买一根大树这么升起去，四方翘的十六个角，柱头多的还是牢固些点，那个就是讲起来有个特色。

问：他们说伞把柱就是正屋连接厢房的？

答：嗯，它只要一根柱头，在武当山有一个一柱十二梁的，它有这么一根柱头穿了十二匹枋，有好多人在那看。

问：您做的第一支房子是给自己修？

答：给自己修的。

问：那个房子是几柱几？

答：五柱四。我那屋都还没拆。

问：您是带着徒弟做还是自己做的？

答：自己做的，那个时候你请不起人，要开工钱。

问：您修的最大的房子是多大？

答：哪种大小都修到了的，最大的就是五柱八,五柱十二就为大屋了。

问：您刚刚说您不太喜欢那些仪式性的东西，那您修一个房子大概有一个什么样的流程？一开始会不会架罗盘？

答：架罗盘是风水先生，不关木匠的事，木匠就是开下梁口、升下扇。

问：那砍树的时候呢？

答：首先砍树要往上坡倒，不能下坡倒，特别是砍那根梁，第一那根树要有两米到三米，第二要不往下坡倒，带点香纸烧一下，放点爆竹，就搬走了。

问：上梁这些要不要看日子？

答：风水先生把日子都定了的，必须照他的日子那么做。几时升扇，什么时候上梁，都是他定好了的。

问：不是木匠的掌墨师定的？

答：不是的。

问：您在做这个房子的是时候，对堂屋有不有什么讲究？

答：比两边要大一点。

问：神龛上面的墙壁的公榫和母榫有不有什么讲究？

答：有讲究。

问：您在给主人家安神龛的时候，有没有特别的讲究不？

答：特别讲究就是板子倒不得，你把板子装倒了主人家就要你重新装。这就是以前的规矩，新社会，张家界就没管这些，倒和顺他就没管，我们这边都要管。一般的木匠他自己也有个规矩，不能倒板子，倒板子人家就说你不是个木匠了。

问：您跟彭古生参师跟了几年？

答：我想跟多久就跟多久，我还倒帮他带徒弟。我和郑木匠学也是这样，没学到几天我还倒帮他带徒弟了，我一看就晓得那门不用学。

问：您后来再跟了师傅没？

答：我有我的门子，他有他的门子，不可能一直跟到他。

问：那您带徒弟呢？

答：我带徒弟就不要人家钱，徒弟他钱比我还多些，他天天走，我东跑西跑。我给老板兴做工夫，从来就没要人家钱。

问：您带的徒弟现在比较有名气的有哪些？

答：孙国龙，参加过中央美院第二届非遗保护与现代生活——中青年非遗传承人高级研修班。

问：他现在多大年纪？

答：五十一二了，属龙的。

问：他的文化程度呢？

答：小学，农村人一般都没文化，我都没读过书，只读到四册，五册上了几课就没读了，算几年级我都不晓得，我就到龙山流浪去了。

问：您为什么要到龙山去流浪呢？

答：无父无母，到十四五岁就晓得要讨口饭吃，就到龙山流浪。

问：到了十七八岁就开始学木匠？

答：到了那时候就开始学木匠，晓得那个困难，不管木匠还是什么我一看都会搞，我什么金、银、铜、铁、锡、织背篓、蓑衣，我就是剃头发、缝衣服，人家难得到我就赚点钱，其他都难就赚不到，我都会做。

问：您最早什么时候单独起屋？

答：责任制还没到户，食堂下放了，就开始学起屋。

问：那您正式起的屋是起的哪里的屋？

答：就是我自己在沙土村住的那屋，那时候你把人家屋起坏了人家怕，我自己屋那一上去好多老木匠都羡慕我，比别人搞得好些。

问：您那个是五柱几？

答：五柱四，现在都还在。

问：您起的最大的呢？

答：最大的有五柱八，起的最大的就到张家界的张家湾起得大些，他是起的七进有十二个天井，那个屋就算起得大了，这么进去有七进，天井四合水有十二个四合水。

问：那是哪一年？

答：有三四年了。

问：那个房子主要是维修吧？

答：不是的，重新起的。

问：也是个仿古建筑？

答：嗯。

问：您刚刚说的孙国龙是什么时候跟您学的？

答：他跟我学得久，学十几年了。

问：是从什么时候呢？

答：大概三十几岁就学起。

问：除了孙国龙以外还有别的徒弟吗？

答：有个黄清辉，一概不要管，你只要起好大屋，跟他讲就不用管了。

问：他是什么时候跟您学的？

答：都差不多的。

问：现在多大年纪了？

答：现在也五十四五了。

问：您大约带了多少个徒弟？

答：讲两百个都只有讲少的，我在张家界风情园就带了七十几个。

问：您带这么多徒弟您是怎么跟他们上课的？

答：就在实地上白天做，不是上课，就这么讲，怎么想怎么搞，怎么搞好些，也像讲闲话的。

问：您要不要一边现场操作，一边跟他们讲？

答：是这样，一般到晚上了就讲这些道理，哪个屋想怎么搞得，稍微好些，想怎么搞得稍微差点。

问：您平常跟他们讲课也就是凭您的经验，有不有什么文字资料？

答：他当时在做，你当时就跟他讲像上面搞得好些，像这么搞他钻得快些，上课是理论的东西他懂不到，他慢些。

问：您这样培训带的徒弟，刚开始拜师的时候有不有什么仪式性的东西？

答：我不爱这些，我也不要他们搞。

问：您当时出师以后，郑师父给了您什么工具没？

答：我都自己办，不要人家分毫。

问：五尺这些跟您给了没有？

答：都不要，自己做的。

问：您那个是不是用桃木做的？

答：不是的。你只要它不走形，树要直。

问：您在修房子的时候有没有什么改进的地方？

答：有改进，比我好的我就保持，比我想得还差我就不要了，都要自己想。

问：您对传统有哪些改进？

**答**：这个讲不清楚。

**问**：比如说在步水的时候?

**答**：步水这个我也要看，看它这个瓦，瓦想怎么过，是新社会买那薄薄的瓦，水升非踩平点不可，你踩陡了，打个雷你那瓦就动了，主人家就捡不起瓦，一年两年要捡瓦。我要看是怎么过，到底是老瓦盖屋还是新瓦盖屋，为了这个主人家节省点钱，你就要为他着想。

**问**：能不能这样理解，您在传艺的时候比较灵活，就是根据材料?

**答**：嗯，根据材料，你越灵活他越懂。

**问**：您做木匠有不有什么口诀?

**答**：没有口诀，我不爱学，应该是有的，我认为这个是个骗人的，是多问人家要钱的，赚几个喜钱，我给人家做工血汗钱都不要了，我还要人家喜钱干什么。

**问**：哦，您比较替别人着想，是好人!

**答**：嗯。

**问**：您还有什么给我们介绍介绍?

**答**：讲得够多的了。

**问**：好的。我们基本上搞清楚了。耽误您时间了，谢谢您!

# 后　记

　　《木工技艺传承人口述史研究》集结出版，是以国家社会科学基金艺术学"十二五"规划资助项目"武陵山土家族民间美术传承人口述史研究"的成果为基础，根据目前收集采访资料重新对成果的内容进行调整，增加了对每位艺人其技艺进行简单的概括和介绍，先期把木工技艺的内容进行整理出版，其余的部分待整理完结后陆续出版。

　　在研究中我把"口述史"定位"口述"，是因为"口述"具有亲历性、情感性、角度丰富，不拘泥于形式；而"口述史"是借搜集和使用已经有的口头史料来研究历史的一种方法，它不仅仅局限在口述史料的研究，而重在对"史"的研究，以独有的方式阐述历史，具有较强的系统性；同时在研究中还发现关于该地区的文献资料极度匮乏，加重了研究的难度；而"口述"就不需要具有很强的系统性，可以在口述中打破束缚，自由自在的进行阐述，其口述的内容也比较自然、质朴、真实，如果强调"史"的研究，反而会让民间技艺传承人的口述失去原汁原味的自然真实效果。好在历史是人民群众所创造的，民间技艺也不就是人民所创造的吗？我想"口述"正好可以弥补民间技艺传承研究的不足，还原即将濒临失去的历史。

　　本课题研究持续了四年，在这四年中经常是利用周末、寒暑假下乡进行田野调查，覆盖湖北恩施州，宜昌市的长阳、鹤峰两个土家族自治县，湖南湘西州，湖南张家界市，重庆黔江区，贵州铜仁市等所辖的所有县区及市，行程约 4 万公里，采访调查了 140 余位民间艺人以及 20 余位相关的专家及负责人，基本上做到了全覆盖。当我每次开着车匆匆行进在乡间泥泞的土路时，首先是看到民间艺人一张张朴实渴望的笑脸，当拿出家里最好吃的食物时，我的眼眶湿润了！当他们拿出自己毕生的技艺展示时我惊讶了！究竟是什么力量维系着民间技艺的传承，我终于明白了是民间的人民，是生活在中国最底层的百姓，是他们质朴的爱，是他们的执着和坚韧传承着民间技艺，用他们的毕生精力去维系着本民族文化基因的传递，成就了一代又一代的民间高手，从而形成了一条永不枯竭的文脉。

在研究中分别得到了社会各界人士的鼎力帮助和支持。特别要感谢恩施市文化馆，宣恩县文化馆、来凤县文化馆、咸丰县文体局、鹤峰县文化馆，湘西州文联、永顺县文联、凤凰县文联、保靖县文联、贵州铜仁市文联、松桃县文联、江口县文联、思南县文联、德江县文联，张家界市非物质文化保护中心等等单位，派出专人接洽，帮忙联系民间艺人，让我们感受到春天般的温暖和热情。

当然还要感谢恩施州文联的田萍副主席，她为方便我们课题组出去进行田野调查多次出具文联介绍信，免除了他乡没有知音的尴尬之感，让我们很快进入田野调查和采访。另外，还要感谢恩施州文化馆刘刘，恩施市文体局龙桂芳，原宣恩县文化馆谭代魁、李培芝，湘西永顺县文联向先林等，在我需要联系艺人的时候，总是帮助联系好来回采访的地址，免去了道路的舟车之苦。

此外，还要感谢咸丰县第一中学的覃新雨学友以及我曾经的学生杨华、王贵同学，当我在该地进行田野调查时第一时间赶到来带路，免除了路况不熟的境遇。同时还要感谢我的研究生冯家锐、汤胜华、李冉、张星星、向柯儒、朱姗姗、王小凤、徐琪等同学，是他们跟随我冒着严寒和酷暑，经常在大雨中、在泥泞道路中来回奔波，回到宾馆已经是深夜。当然，整理文字资料是他们的必修功课，他们利用休息时间克服酷夏和寒冷以及蚊虫叮咬，在寝室里面对照录音进行整理，才让几百个小时的吐词不清的方言变成了书面文字。

最后，还要感谢我的家人，是他们在背后的默默的支持才让我有充足的时间和精力完成课题研究及丛书的集结出版！

二〇一八年十月十六日

责任编辑：张双子
责任校对：吴容华
装帧设计：王欢欢

**图书在版编目（CIP）数据**

木工技艺传承人口述史研究／金晖 编著 . —北京：人民出版社，2019.11
ISBN 978 - 7 - 01 - 020860 - 2

I. ①木… II. ①金… III. ①土家族－木结构－建筑史－研究－中国 IV. ① TU-092

中国版本图书馆 CIP 数据核字（2019）第 095989 号

## 木工技艺传承人口述史研究
MUGONG JIYI CHUANCHENGREN KOUSHUSHI YANJIU

金 晖 编著

**人民出版社** 出版发行
（100706 北京市东城区隆福寺街 99 号）

北京盛通印刷股份有限公司印刷 新华书店经销

2019 年 11 月第 1 版 2019 年 11 月北京第 1 次印刷
开本：710 毫米 ×1000 毫米 1/16 印张：22.25
字数：264 千字

ISBN 978 - 7 - 01 - 020860 - 2 定价：138.00 元

邮购地址 100706 北京市东城区隆福寺街 99 号
人民东方图书销售中心 电话（010）65250042 65289539